Thomas Zimmermann / Martina Zimmermann

# Lehrbuch der Infrarotthermografie

# Lehrbuch der Infrarotthermografie

Allgemeine Grundlagen der Thermodynamik
Grundlagen der Strahlungsphysik
Infrarot-Geräte-Technologie
(für normative Stufe 1 und 2)

Fraunhofer IRB Verlag

Bibliografische Information der Deutschen Nationalbibliothek
Die Deutsche Nationalbibliothek verzeichnet diese Publikation in der Deutschen Nationalbibliografie; detaillierte bibliografische Daten sind im Internet über <http://dnb.d-nb.de> abrufbar.

ISBN (Print): 978-3-8167-8673-3
ISBN (E-Book): 978-3-8167-8705-1

Redaktion: Sabine Marquardt, Fraunhofer IRB Verlag
Herstellung: Katharina Kimmerle, Fraunhofer IRB Verlag
Satz: Mediendesign Späth, Birenbach
Umschlaggestaltung: Martin Kjer, Fraunhofer IRB Verlag
Druck: Beltz Druckpartner GmbH & Co. KG, Hemsbach

Für den Druck des Buches wurde chlor- und säurefreies Papier verwendet.


Fraunhofer-Informationszentrum Raum und Bau IRB
Nobelstr. 12, 70569 Stuttgart,
Telefon (0711) 970-2500
Telefax (0711) 970-2508
E-Mail: irb@irb.fraunhofer.de
http://www.baufachinformation.de

# Inhaltsverzeichnis

# 1 Vorwort

Dieses Lehrbuch ist frei von Werbung und herstellerspezifischen Angaben zu bestimmten Geräten.

Die Ausdrücke »Infrarotkamera« oder »Thermografiekamera« werden nach Möglichkeit vermieden. Der Ausdruck der »thermischen Kamera« kommt der technischen Beschreibung des Gerätes, also der objektiv richtigen Bezeichnung näher, da es sich um eine Kamera mit thermischer Empfindlichkeit für bestimmte Wellenlängen handelt. Für ein Gerät mit der Fähigkeit eine Szene aus thermischer Strahlung und thermischer Übertragung abzubilden ist somit der Ausdruck der »thermischen Kamera« passend.

Das Lehrbuch behandelt nicht ausschließlich die Thermografie zur zerstörungsfreien Prüfung, medizinischen Applikation oder eine konkrete Geräteschulung, sondern es verfolgt das Ziel, ein breites Verständnis für die Grundlage der Thermografie - die Strahlungsphysik - zu geben. Der Leser soll für die Probleme und deren Bewältigung bei der Fertigung und Interpretation von thermografischen Aufnahmen sensibilisiert und geschult werden.

Das Ziel dieses Lehrbuches ist es, dem Leser ein klares Wissen über die physikalischen Grundlagen zu vermitteln, deren praktische Umsetzung und Anwendung die Thermografie in der zerstörungsfreien Prüfung überhaupt erst ermöglichen. Es wird soweit auf die »Materie« der Strahlungsphysik eingegangen, wie es für die Ausbildung und berufliche Ausübung sowie den Umgang mit der thermischen Kamera nach normativen ZfP Vorgaben der Stufen 1 und 2 (DIN/EN 473, DIN 54162, ISO 9712) notwendig ist.

Es werden, soweit vorhanden, die genormten und geregelten Bezeichnungen benutzt, um dazu beizutragen, eine einheitliche Fachsprache zu etablieren. Herstellertypische Ausdrücke und Bezeichnungen werden bewusst vermieden. Es wird aber auf die leider allgegenwärtigen häufigen Verwechslungen von Fachbegriffen, wie sie in fast jedem herstellerspezifischen Manual und auch Software vorkommen, eingegangen.

Als konkrete Geräte-Beispiele während eines normativen Kursus für Infrarotthermografie werden für Erklärungen die bereits bei den Prüfern verfügbaren thermischen Kameras oder solche, die von verschiedenen Anbietern zu Lernzwecken zur Verfügung gestellt werden, herangezogen. Es sind alles ausnahmslos für die zerstörungsfreie Prüfung verwendbare Geräte. Es wird an keiner Stelle diskutiert, ob sie die besten für den vorgesehenen Gebrauch sind. In diesem Lehrbuch werden im Besonderen keine bestimmten Geräte befürwortet. Ebenso verhält es sich mit den vielen verschiedenen Typen der Auswertesoftware. Der aufmerksame Leser wird verstehen, wann welche Geräte und Software-Typen für bestimmte Prüfaufgaben zu vermeiden, bzw. besonders zu bevorzugen sind.

Die genaue Kenntnis der Grundlagen der Strahlungsphysik und Thermodynamik zeigt nicht nur die messtechnischen Grenzen der Infrarotthermografie auf. Gerade sie ermöglicht es, auch komplexe Messungen in der praktischen Anwendung zu bewerkstelligen. Bemühen Sie sich, die Umsetzung der thermografischen Messung im Rahmen Ihrer und der technischen, strahlungsphysikalischen Möglichkeiten zu befolgen.

# 2 Was ist Thermografie?

Die Grundbedeutung des Wortes Thermografie ist: »Die Hitze zu schreiben« oder »mit der Hitze zu schreiben«. Aber wie lautet nun die richtige Bezeichnung derer, die mit einer thermischen Kamera ihrer beruflichen Tätigkeit nachgehen: Thermograf oder Thermologe?

Die Berufsbezeichnung des Prüfers mit thermischer Kamera lautet im Allgemeinen Thermograf. Der Begriff ist leider etwas unglücklich gewählt, da eben dieser Ausdruck für das auf einer Papiertrommel aufzeichnende, registrierende Thermometer, ein Messgerät zur Erfassung und Aufzeichnung der Temperatur in einem bestimmten Zeitverlauf, steht. Wer möchte schon gerne eine »rotierende Papiertrommel« genannt werden, zumal der Begriff »Thermograf« hiermit schon eindeutig besetzt ist. Besser wäre dagegen die Berufsbezeichnung Thermologe. Die Thermologie ist ein Teilgebiet der Physik, das sich mit Wärme befasst. Sie beschäftigt sich mit der praktischen Anwendung der Wärme und vor allem deren Messung. Hier finden wir den passenden Begriff des Prüfers, der sich mit der Messung und bildhaften Darstellung von Temperatur beschäftigt: Thermologe. Die Thermologie ist der Teilbereich einer Wissenschaft - die Thermografie nicht.

Die Thermografie ermöglicht die Darstellung der thermischen Strahlung einer Szene.

So gesehen wäre die Thermografie ein besonderer Fall der Fotografie (»schreiben mit Licht«). Genauso wie die Fotografie ein Abbild der reflektierten Strahlung im sichtbaren Spektralbereich liefert, wird bei der Thermografie ein Abbild der thermischen Strahlung im infraroten Spektralbereich erfasst.

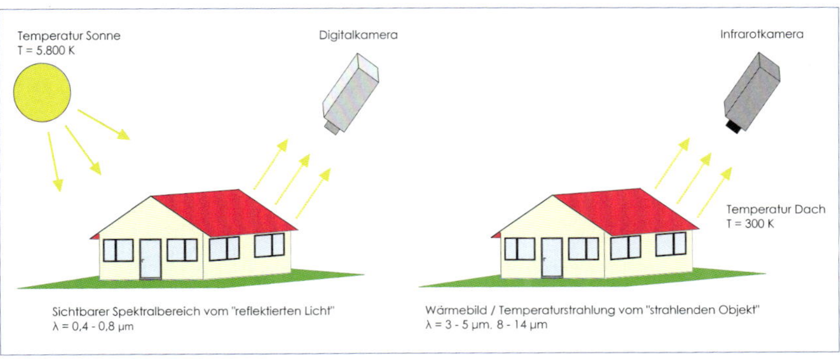


**Abb. 1:** Vergleich: Fotografie – Thermografie

Die Thermografie ist die Technik zur berührungslosen Erfassung, Aufbereitung und bildhaften Darstellung der flächenhaften Verteilung der von einer Oberfläche ausgehenden und mit einem Infrarot-empfindlichen-Detektorsystem registrierten elektromagnetischen Strahlung.

## Die Geschichte der Thermografie

Es ist eine weit verbreitete, aber völlig falsche Meinung, dass die Infrarotthermografie eine »Erfindung« sei. Noch viel weniger ist sie eine Entwicklung einzelner Gerätehersteller oder Personen, sondern vielmehr ein entwicklungsgeschichtliches Gesamtergebnis von aufeinanderfolgenden technischen und theoretischen, wissenschaftlichen Errungenschaften. Nur die Kombination verschiedener technischer und theoretischer Komponenten, die wiederum aus den unterschiedlichsten Bereichen wie z. B. Optik, Elektronik, Mechanik, Mathematik und Physik stammen, haben die Thermografie, wie wir sie heute kennen, überhaupt erst ermöglicht. Alle diese Faktoren, die vielen einzelnen Komponenten einer einzelnen Person oder einem einzelnen Gerätehersteller zuzuweisen wird der Sache nicht gerecht. Im Gegenteil, eine solche Aussage ist eine direkte Herabwürdigung aller, die sich als Teil der Entwicklungsgeschichte der Thermografie um diese verdient gemacht haben.

## Die Natur des Lichts

Die Vorstellung über die Natur des Lichts wandelte sich im Laufe der Zeit erheblich. Auch die fast schon biblische Legende, der Regenbogen sei Gottes Unterschrift unter einen Vertrag mit den Menschen, ist in ihrer Art eine »Theorie«, nur enthält sie keine hinreichende Erklärung dafür, dass der Regenbogen von Zeit zu Zeit immer wieder erscheint und warum stets im Zusammenhang mit Regenfällen. Der gesamte Fragenkomplex der Farbphänomene wurde erstmalig von Sir Isaac Newton (1643 – 1727) wissenschaftlich untersucht. Licht setzte sich seiner Ansicht nach aus winzigen Partikeln, so genannten »Korpuskeln« zusammen. Um die vielfältigen Phänomene im Zusammenhang mit Licht erklären zu können, sprach Newton diesen Lichtteilchen, aber auch den »beleuchteten« Gegenständen, verschiedene Eigenschaften zu. Christian Huygens (1629 – 1695), ein Zeitgenosse Newtons, entwickelte die Theorie der Wellennatur des Lichts. Nach dieser Theorie sendet eine Lichtquelle Licht in Form von kugelförmigen Wellen aus. Durch die Entdeckung von Interferenz und der Beugung wurde die Newton'sche Korpuskeltheorie zugunsten der Wellentheorie aufgegeben. James Clerk Maxwell (1831 - 1879) konnte alle bisherigen Erkenntnisse in eine geschlossene mathematische Form bringen - den »Maxwell-Gleichungen«. Seine Theorie verbindet Elektrodynamik und Optik, wonach Licht aus elektromagnetischen Wellen besteht, die transversal (senkrecht zur Quelle oder senkrecht zur Ausbreitungsrichtung) sind und sich mit Lichtgeschwindigkeit ausbreiten. Das Bild vom Licht als Welle hatte sich zu diesem Zeitpunkt nun endgültig durchgesetzt.

## Die Entdeckung des Fotoelektrischen Effekts

Erstmals beschrieben wurde der fotoelektrische Effekt 1886 von Heinrich Hertz (1857 - 1894) in Form einer Randnotiz über seine Arbeit mit Radiowellen. Er beobachtete, dass sein Funkendetektor mehr Ereignisse registrierte, wenn die Metallkugeln, die diese Funken erzeugten, mit ultraviolettem Licht bestrahlt wurden. Er maß dem aber keine große Bedeutung bei und ging dem Phänomen dann auch nicht weiter nach. Wilhelm Hallwachs (1859 - 1922) setzte sich 1888 dann eingehender mit dem Problem auseinander und bestrahlte geladene Zinkplatten. Er beobachtete, dass negativ geladene Platten ihre Ladung unter der Einwirkung von ultraviolettem Licht ausgesprochen flink verlieren. Joseph John Thomson (1856 - 1940, Nobelpreis 1906) zeigte 1899, dass die von Metall emittierten Ladungen mit den von ihm 1897 entdeckten Elektronen identisch sind. Von Philipp von Lenard (1862 - 1947, Nobelpreis 1905) wurde der Vorgang im Jahr 1902 genauer untersucht. Er konnte Elektronenemission an verschiedenen, bestrahlten Oberflächen nachweisen. Dabei zeigte sich, dass sich die experimentellen Ergebnisse nicht in Einklang mit den damals existierenden Theorien bringen ließen. *(Parallel dazu arbeiteten bereits Ernst Hagen und Heinrich Rubens an der Ergründung der entdeckten Effekte und schufen so Gesetzmäßigkeiten über das Reflexionsvermögen von Infrarot-Strahlung an Metallen. Hagen-Rubens Gesetz 1903)*

Elektronen können aus einem Metall »befreit« oder »gelöst« werden, indem man seine Oberfläche mit Licht bestrahlt. *(Die Wellenlänge dieses Lichts beachten wir an dieser Stelle nicht weiter.)* Es zeigte sich, dass dieser Effekt auf der Grundlage der klassischen elektromagnetischen Lichttheorie nicht erklärt werden konnte. Die Deutung des fotoelektrischen Effekts trug wesentlich zur Entstehung der Quantentheorie bei. Werden metallische Platten mit Licht bestrahlt, können Elektronen emittiert werden. *(Die Emission einer positiven Ladung wird dabei allerdings nie beobachtet.)* Der emittierte Elektronenstrom ist direkt proportional zur Intensität des eingestrahlten Lichts. Man könnte diesen Effekt mit der Funktion eines Spiegels vergleichen. Diesen Prozess nennt man fotoelektrischen Effekt *(oder kurz Fotoeffekt, manchmal auch als Lichtelektrischer Effekt bezeichnet)*. Der Gedanke der so genannten »diskreten Energiequanten« wurde Anfang des vorigen Jahrhunderts erstmals von Max Planck (1858 - 1947, Nobelpreis 1918) eingeführt. Er beschrieb die zuvor nicht erklärbare Strahlungsverteilung eines schwarzen Körpers, indem er voraussetzte, dass elektromagnetische Strahlung in Form von diskreten Quanten auftritt, mit einer jeweiligen Energie $E=hv$ wobei $v$ die Frequenz der Strahlung und $h$ eine Konstante, das so genannte »Planck'sche Wirkungsquantum« ist. Ebenso wie diese von Max Planck erstellte Quantenhypothese besagt Albert Einsteins (1879 - 1955, Nobelpreis 1921) Theorie, dass Licht nicht kontinuierlich im Raum verteilt ist. Stattdessen ist es in kleinen Paketen »quantisiert«. Anstelle von Plancks Hypothese, dass Licht nur in diskreten Quanten absorbiert oder emittiert wird, sattelt Einstein das Pferd bildlich gesprochen von hinten auf und behauptet, dass das Licht selbst aus Teilchen, die er Photonen nennt, besteht. Die Energie eines solchen Photons ist dann gegeben durch:

$$\text{EPhoton} = \frac{hv}{\lambda}$$

(Wobei $\lambda$ die Wellenlänge der Strahlung und $c$ die Lichtgeschwindigkeit ist.)

## Die »Erfindung« des Bolometer

Wir befinden uns etwa in der Mitte des 19ten Jahrhunderts. Die großen Entdeckungen der Quantenphysik liegen noch verborgen in den gerade erst heranwachsenden Gedankengängen eines kleinen Jungen namens Max Planck. Und doch, es beschäftigten sich schon sehr viele Physiker mit den verschiedenen Typen von Strahlungen, ihrem Brech- und Beugungsverhalten. Einer der größten Autoritäten auf diesem Gebiet war der 1834 in Massachusetts geborene Samuel Pierpont Langley. Er ist einer Väter der modernen Astrophysik und »nebenbei« ein Luftfahrtpionier im Stile der schwarz/weiß Filme der »tollkühnen Männer in ihren fliegenden Kisten«. Heute ist nach ihm das älteste NASA Labor, das »Langley Centre« in Virginia, benannt. Langley ist deswegen so besonders erwähnenswert, weil die Entwicklung des Bolometers für die Infrarotthermografie, wie wir sie heute kennen, einer der wichtigsten Bausteine ist. Das von Langley entworfene Bolometer ist ein hochempfindlicher (Licht/ Infrarot) Strahlendetektor, der es erst möglich machte, die Daten für Plancks Betrachtungen zur Strahlung eines schwarzen Körpers zu liefern.

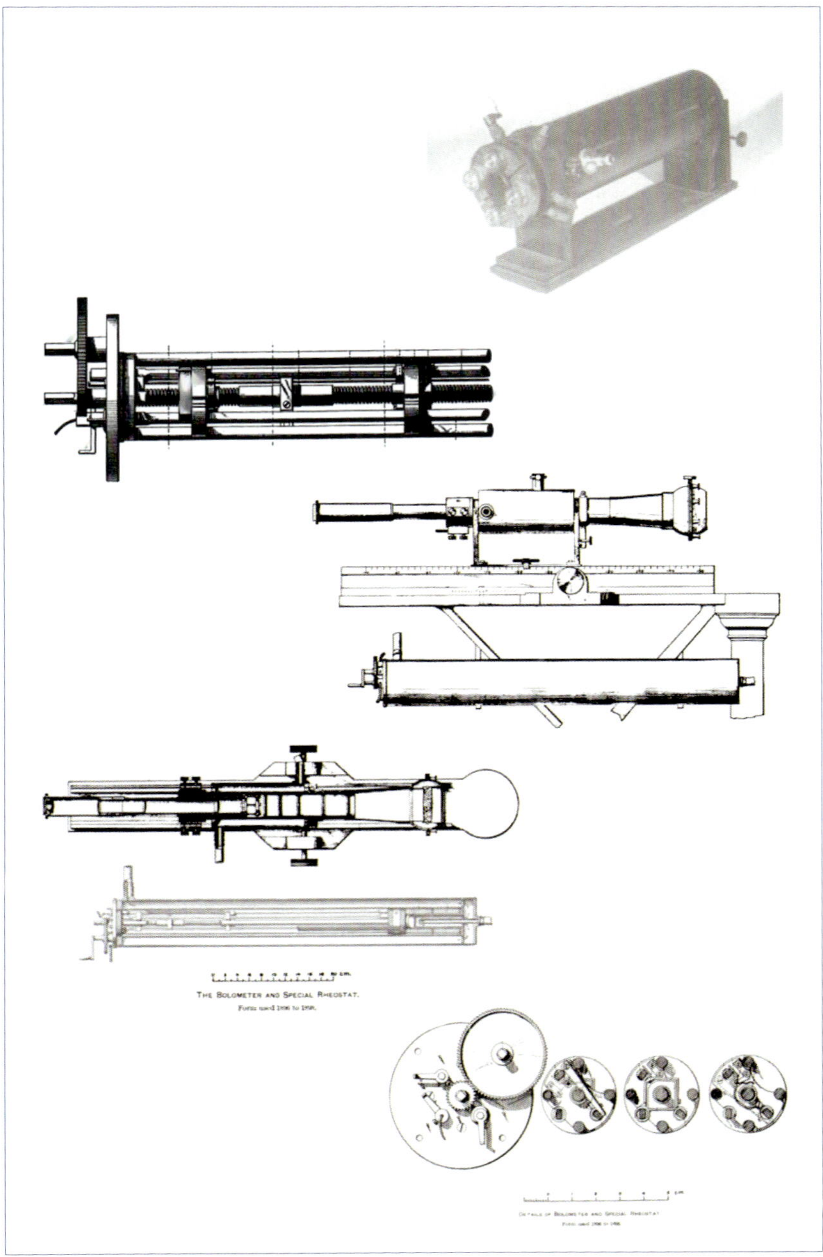


**Abb. 2a–2e:** das von Langley entworfene Bolometer

Das zentrale Element dieses Bolometers ist die »Wheatstone Brücke«.

Sie besteht aus drei bekannten und einem »unbekannten« - weil »veränderbaren« elektrischen Widerstand. Der vierte Widerstand besteht aus einer dünnen Metallfolie (»Rx«), die durch Licht/Infrarot-Strahlungsabsorption erwärmt wird. Der sich dadurch ändernde Widerstand der Metallfolie wird durch einen präzisen Abgleich mit den bekannten Widerständen bestimmt. Da der Strahlungsfluss, die auftreffende Strahlung, bei allen Widerständen gleich ist, kann aus der Differenz unter den bekannten zum unbekannten Widerstand der Strahlungswert errechnet werden. Hieraus wird dann wiederum die Temperatur errechnet. Bekanntlich ist ja der elektrische Widerstand eine Funktion der Temperatur des leitenden Metalls *(Stichwort - Kaltleiter ...)*. Das einfallende Licht/Infrarotstrahlung wird also von diesem Metallstreifen absorbiert. Der Metallstreifen ändert je nach Intensität der einfallenden Strahlung seine Temperatur, die wiederum den Widerstand ändert.

Auf dieser Grundlage funktioniert der von Langley entwickelte (und in seiner Funktionsweise heute noch aktuelle) potenziell höchst empfindliche und kalibrierbare Strahlungsdetektor. *(Natürlich hat sich die Bauform bis heute geändert und ist dem Stand der Technik angepasst, das Prinzip der Widerstandsänderung durch auftreffende Strahlung ist aber immer noch gleich.)*

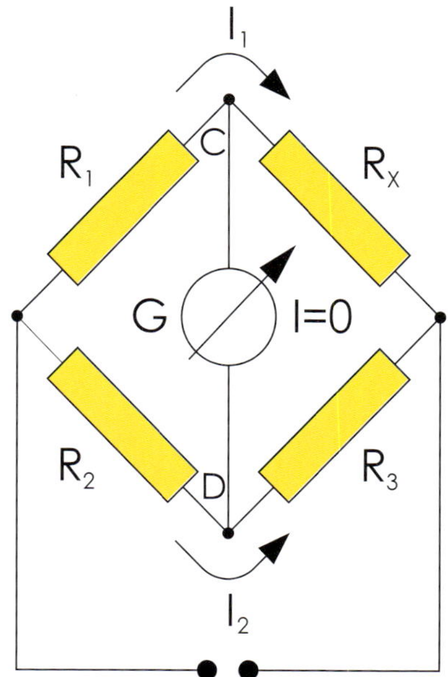


**Abb. 3:** Wheatstone Brücke

Der »Teufel« steckte aber auch hier im Detail. Ganz so einfach war es für Langley natürlich nicht - er konnte sich nicht einfach die benötigten, passenden Bauteile im Fachhandel kaufen, sondern musste sie selbst anfertigen. Die ganze Schaltung wurde damals von einer Batterie versorgt, deren Spannung natürlich auch nicht so stabil war, wie man es eigentlich gebraucht hätte. *(Nochmals - dieser Aufbau wurde im 19ten Jahrhundert gemacht).* So driftete die abgelesene Spannung die ganze Zeit mal mehr mal weniger um einen Punkt herum, was die Messung sehr ungenau machte. Die Spannung musste per regelbaren Widerstand immer wieder auf den passenden Wert gebracht - also »kalibriert« und jede Messung deswegen x-Mal wiederholt werden. Der Metallstreifen absorbierte die einfallende Strahlung leicht frequenzabhängig, was einem, wenn man quantitative Messungen bis hinein ins ferne infrarote Spektrum unternehmen will, durchaus ein paar graue Haare kosten kann. Doch das Schwierigste war vielleicht, dass Langley ja den gesamten Spektralbereich eines strahlenden Körpers vermessen wollte. Das hieß, dass das einfallende Licht aufgespaltet werden musste. Linie für Linie. Dies geschah damals (wie auch heute) mit Prismen. Da klassische Glasprismen aber im Wesentlichen nur das sichtbare Licht brechen, waren andere Materialien notwendig. Es stellte sich nun heraus, dass die Kristalle des Minerals Steinsalz Brecheigenschaften zu einem gewissen Anteil bis ins infrarote Spektrum hinein besaßen. Man muss sich einmal vorstellen, mit welchem Aufwand es in diesem Jahrhundert verbunden war und was es bedeutete, ein Mineral (in Langleys Fall eben Steinsalz) in Prismenform zu bringen. Es gelang, und Langleys Bolometer erlangte die gewünschte Funktionsfähigkeit.

## Chronologie der »Infrarotthermografie«

Alle Eckpunkte der Geschichte der Thermografie und deren dazugehörige Entdeckungen und Entwicklungen zu erfassen und genau zu beschreiben, würde ein eigenes Werk füllen. In diesem Lehrbuch soll chronologisch aufgeführt werden, welche Komponenten wann durch wen entdeckt oder entwickelt wurden.

1800 Friedrich Wilhelm (William) Herschel entdeckt während der Untersuchung der spektralen Eigenschaften des sichtbaren Lichts Wärmestrahlung, die für das menschliche Auge nicht sichtbar ist. Er ließ Sonnenlicht durch ein Prisma fallen und wies die Strahlung jenseits dem sichtbaren roten Licht mit einem Thermometer nach. Hieraus ergab sich die Beschreibung: »unterhalb« oder »unter« (manchmal auch »neben«) dem Rot = Infra (lat.)-rot.

1822 Entdeckung des thermoelektrischen Effekts an einem Sb-Cu (Antimon-Kupfer) Paar durch Thomas Johann Seebeck (Seebeck Effekt)

1830 Erstes Thermoelement zur Wärmestrahlungsmessung von Leopoldo Nobili

1833 Erste Thermosäule aus zehn in Reihe geschalteten Sb-Bi (Antimon-Wismut) Thermopaaren von Leopoldo Nobili und Macedonio Melloni

1834 Entdeckung des Peltier-Effekts an einem stromgespeisten Paar aus zwei unterschiedlichen Leitern durch Jean Charles Peltier

1835 Formulierung der Hypothese der gleichen Natur von Licht und elektromagnetischer Strahlung durch Andrè-Mariè Ampère

1839 Entdeckung des Solaren Absorptionsspektrums der Atmosphäre und die Rolle des Wasserdampfs durch Macedonio Melloni

1840 Entdeckung der drei atmosphärischen Fenster durch John Herschel (Sohn von William Herschel)

1857 Vereinheitlichung der drei thermoelektrischen Effekte (Seebeck, Peltier, Thomson) durch William Thomson (1. Lord Kelvin)

1860 Formulierung des Zusammenhanges zwischen Absorption und Emission durch Gustav Kirchhoff. Kirchhoff entwickelte das nach ihm benannte Kirchhoff'sche Gesetz und definierte den »Schwarzen Strahler«.

1864 Theorie der elektromagnetischen Strahlung von James Clerk Maxwell

1879 Begründung des empirischen (wissenschaftlichen) Zusammenhanges zwischen Strahlungsintensität und Temperatur eines schwarzen Körpers durch Josef Stefan

1880 Studium der Absorptionseigenschaften der Atmosphäre mittels eines Pt (Platin)-Bolometerwiderstands durch Samuel Pierpont Langley

1883 Studium der Transmissionseigenschaften Infrarot-transparenter Materialien durch Macedonio Melloni

1884 Die Physiker Josef Stefan und Ludwig Boltzmann formulieren das Gesamtstrahlungsgesetz

1884 Thermodynamische Ableitung des Gesetzes von Josef Stefan durch Ludwig Boltzmann

1893 Mit dem durch Wilhelm Wien entwickelten Wien'schen Verschiebungsgesetz wurde ein weiterer Meilenstein auf dem Weg zur Quantenphysik markiert

1900 Ableitung der Wellenlängenabhängigkeit der Schwarzkörperstrahlung durch John William Strutt (3. Baron Rayleigh) und Wilhelm Wien

1900 gelang Max Planck mit der Planck'schen Formel die thermodynamische Begründung. Sie gilt als Geburtsstunde der Quantenphysik

1898 Karl Ernst Hagen und Heinrich Rubens entdecken und beschreiben Gesetzmäßigkeiten über das Reflexionsvermögen von Infrarot- Strahlung an Metallen (Hagen-Rubens Gesetz 1903)

1903 Messung der Temperatur von Sternen und Planeten mittels Infrarot-Radiometrie und -Spektrometrie durch William Weber Coblentz

1914 Nutzung von Bolometern für die »Fernerkundung« von Menschen und Flugzeugen

1930 Infrarot-Peilgeräte auf Basis von PbS (Bleisulfid)-Quantendetektoren im Wellenlängenbereich 1,5 bis 3,0 µm für militärische Anwendungen (Gudden, Görlich und Kutscher). *Erweiterung der Reichweite im zweiten Weltkrieg auf 30 km für Schiffe und 7 km für Panzer (3 bis 5 µm)*

1934 Erste Infrarot-Bildwandler

1939 Die Entwicklung der Schottky-Diode (Walter Schottky) ermöglicht fortan wesentlich kleinere Bauformen und Strukturen der notwendigen Elektronik

1939 Entwicklung der ersten Infrarot-Sichtgeräte

1947 Pneumatisch wirkender Strahlungsdetektor mit hoher Detektivität von Marcel J. E. Golay *(Druckdifferenzmessung zweier Kammern, beeinflusst von Strahlung)*

1954 Erste bildgebende Kameras auf Thermosäulen (20 Minuten Belichtungszeit pro Bild) und auf Bolometer-Basis (4 Minuten Belichtungszeit pro Bild)

1955 Beginn der Massenfertigung von Infrarot-Suchköpfen für Infrarot-gelenkte Raketen mit PbS (Bleisulfid)- und PbTe (Blei Tellurid)-, später Sb (Antimon) -Detektoren

1965 Beginn der Massenfertigung von Infrarot-Kameras für zivile Anwendungen (Einelementsensoren mit optomechanischem Scanner)

1968 Beginn der Produktion von Infrarot-Sensorarrays (monolithische Silicium Arrays)

1970 Entwicklung der ersten Infrarot-CCD Detektoren *(Charge Coupled Devices / ladungsgekoppeltes Bauelement oder Schaltung)*

1973 Erste Schottky-Diodenarrays von Freeman D. Shepherd und A.C. Yang (1.2 µm < 2.5 µm)

1980 Erste Infrarot-CMOS Module *(Complementary Metal Oxide Semiconductor / komplementärer Metall-Oxid-Halbleiter)*

1981 Charles Thomas Elliott entwickelt Infrarot-CMOS »SPRITE« *(**S**ignal **PR**ocessing **I**n **T**he **E**lement / Signalaufbereitung innerhalb des Element)* Detektoren (3 - 5 und 8 - 14µm)

1995 Beginn der serienmäßigen Fertigung von Infrarot-Kameras mit ungekühlten FPA's *(Focal Plane Arrays. Mikrobolometer- basiert und pyroelektrisch)*

## Thermografie - Definition

Die Thermografie illustriert den Energieaustausch durch Konduktion, Konvektion und Strahlung. Sie stellt den augenblicklichen, statischen, stationären Zustand der räumlichen Verteilung eines Wärmeflusses dar, der von einer thermischen Szene kommt, bzw. mit einer thermischen Kamera empfangen wird. Die Thermografie ist also ein Werkzeug für den Prüfer und eine Technik, die darauf abzielt, thermische Bilder, eine Strahldichtenkarte, eine bildhafte Darstellung der Strahlungsverteilung auf einer Oberfläche - d.h. ein Thermogramm zur Interpretation zu erhalten.

# 3 Thermodynamik – Wärme und Wärmeübertragung

Der Kern der Wissenschaft von Wärme und Wärmeaustausch in einem »System«, oder auch innerhalb eines Körpers, ist die Thermodynamik (Wärmelehre). Ob Wärme von einem Körper zu einem anderen übertragen wird hängt nicht von der Menge der im Körper gespeicherten Wärme, sondern von der Temperatur (Differenz) der einzelnen Körper ab.

Die Wärme fließt dabei immer vom Körper mit der höheren zum Körper mit der niedrigeren Temperatur *(Zweiter Hauptsatz der Thermodynamik).*

Die Thermografie ist »nur« eine Technik zur Beobachtung oder Messung des thermischen »Ist-Zustandes« eines Körpers, einer Maschine oder einer Einrichtung. Die Thermografie steht quasi nur »im Dienst der Thermodynamik«.

Wärme ist eine Energie, die sich auf verschiedene Art und Weise von einem Körper zu einem anderen überträgt. Die »SI-Einheit« *(SI≈Internationales Einheitensystem)* der Wärmemenge – oder der Wärmeenergie, ist das Joule (J).

Diese (Wärme) Energie kann der Materie, dem Körper durch mehrere Arten zugeführt werden:

Durch Konduktion (Leitung), Konvektion (Wärmeströmung) oder Strahlung.

## Raum, Zeit und Energie

Im Allgemeinen bezeichnet die Thermografie jede räumliche und/oder zeitliche Beschreibung des thermischen Zustandes einer betrachteten Szene. Der thermische Zustand steht im Zusammenhang mit dem energetischen Zustand. Dieser Zustand kann durch den Energieaustausch mit der Umgebung in Form von elektromagnetischer Strahlung betrachtet werden. Diese Strahlung, die Informationen über den thermischen Zustand des Bauteiles enthält, wird als thermische Strahlung bezeichnet.

Wenn die zeitliche Entwicklung der thermischen Strahlung berücksichtigt wird, können aktive Vorgänge im Innern von aufzunehmenden Bauteilen oder Körpern erfasst werden.

So wird die Erfassung der räumlichen Strahlungsverteilung innerhalb eines Körpers möglich. Durch die interne oder auch externe Elektronik, die Software einer thermischen Kamera, die unter anderem die registrierte Wellenlänge, die Signalamplitude und Aufnahmezeit berücksichtigt, kann eine so genannte »Wichtung«, also eine objektive Aussagekraft des Messergebnisses erreicht werden. Wenn diese Wichtung, man könnte auch »Bewertung« sagen, ohne ausreichendes Hintergrundwissen erfolgt, kann die Aussagefähigkeit des Messergebnisses stark gemindert werden. Mitunter verfällt jede Sinnhaftigkeit einer thermischen Aufnahme, wenn parametrische Einstellungen und physikalische Effekte aus Unkenntnis falsch- oder gar nicht berücksichtigt werden.

Wenn wir uns jetzt für den quantitativen Aspekt der von der beobachteten Szene kommenden thermischen Strahlungen sowie für ihre Verteilung (räumlich und/oder zeitlich) interessieren, entfernen wir uns von der »einfachen«, visuellen Bildaufnahme. Wir betreten den Bereich der photometrischen Messung oder im Allgemeinen- radiometrischen Messung. Die Fotografie ist eben keine Lichtstärke*messung*. Die Thermografie mittels einer thermischen Kamera jedoch ist eine Raum-Zeit-Technik zur Messung der von einer Szene ausgehenden Strahlung. *(Es wäre also besser und technisch richtig über eine räumliche und zeitliche Strahlungsmessung zu sprechen.)*

| Arten der Thermografie | | | | | | |
|---|---|---|---|---|---|---|
| **Bild ohne Messung** | | **Bild mit Messung** | | | | |
| Erfassung thermischer Bilder | Benutzung thermischer Bildgeber | Messung mittels Thermografie | | | Benutzung thermischer Kameras | |
| Thermisches Bild | Aus thermischen Bildern hergeleitete Information | Strahlungsflussmessung und aus der Strahlung hergeleitete Temperaturen | | | Messung thermischer Größen, die vom Strahlungsfluss und der Strahlungsverteilung hergeleitet werden (räumliches und zeitliches Modell) | Messung anderer Größen, die aus Strahlungsfluss und Strahlungsverteilung hergeleitet werden |
| | | Strahlungsfluss | absolute Temperatur | Strahlungsdifferenzen | | |
| Nachtsicht, Überwachung, ... | Defektdarstellung, Leckortung, Formerkennung | Wellenlängenabhängiger Strahlungsfluss, charakteristische Strahlung,.. | thermische Eigenschaften, vorbeugende Instandhaltung, ... | Wartung, Bauwesen, zerstörungsfreie Prüfung, ... | Wärmeleitfähigkeit, Diffusivität, Emissionsgrad, thermischer Widerstand, Emissivität, innere Quelle, ... | quantitative Defektdarstellung, Spannungsverteilungen, Intensitätsverteilung elektromagnetischer Felder, ... |

**Abb. 4:** Arten der Thermografie

## Temperatur

Die Temperatur steht im Zusammenhang mit dem energetischen Zustand der Materie. Die Temperatur ist die Beschreibung der Erregung von Partikeln, Atomen und Molekülen. Das internationale Einheitensystem (SI) spezifiziert hier, dass die thermodynamische Temperatur (T) in Kelvin (K) ausgedrückt wird. Die Celsius Temperatur (t) wird in Grad Celsius (°C) ausgedrückt, wobei der Nullpunkt bekanntlich der Schmelzpunkt von Eis ist.

Der Maßstab der thermodynamischen Temperatur wird auf den absoluten Nullpunkt bezogen. Dieser Wert ist: $T_0$= – 273,15 °C, also 0 K.

In den meisten thermischen Kameras ist die Ausgabe der Temperaturanzeige in C° (Grad Celsius), K (Kelvin) oder °F (Grad Fahrenheit) wählbar. Die Tabelle zeigt das Verhältnis der Skalierung zueinander:

| **Kelvin K** | **Grad Celsius °C** | **Grad Fahrenheit °F** |
|---|---|---|
| 0 K | - 273,15 °C | - 459,67 °F |
| + 273,15 K | 0 °C | +32 °F |
| + 373,15 K | + 100 °C | + 212 °F |

**Abb. 5:** Tabelle der Temperatureinheiten
Celsius in Fahrenheit = (( TCelsius × 9 ) / 5 ) + 32
Fahrenheit in Celsius = ( TFahrenheit - 32 ) × 5 / 9

Die Messung der Temperatur ist immer indirekt. Wir messen den Wert einer Größe »G«, die mit der Temperatur »t« zusammenhängt und ermitteln daraus den genauen Wert von »T«, der thermodynamischen Temperatur in »K«. Unter Verwendung der bekannten physikalischen Gesetze, die »G« und »T« verbinden, erfolgt auch die Kalibrierung unserer Messgeräte (Thermometer) und der thermischen Kameras.

Dieser Teilbereich klingt zunächst vielleicht etwas verwirrend, aber wenn wir tiefer in die Thermografie eingestiegen sind und täglich mit diesen Werten umgehen klärt sich dieses »Verwirrspiel« schnell auf.

## Temperaturmessgeräte

Die Temperatur wird mithilfe von Thermometern gemessen. Durch Kontaktthermometer (Leitung oder Konduktion), Eintauchthermometer (Konvektion) oder Strahlungsthermometer bzw. Pyrometer (Absorption).

Die Kontakt- oder Eintauchthermometer messen Temperaturen durch direkten Kontakt des Sensors mit dem Medium oder dem festen Körper, von dem man die Temperatur kennen oder messen will. Man nimmt das thermische Gleichgewicht zwischen dem Sensor und dem Körper an und rechnet mit der

Tatsache, dass das »Eindringen« des »Empfängers« – dem Sensor des Thermometers – die Temperatur des »Senders«, dem Messobjekt, nicht ändert.

Die Thermometer, die Strahlungen messen, deren Wellenlängen im Infrarotbereich liegen, nennen wir Infrarot-Strahlungsthermometer. Sie basieren auf Radiometern (Strahlungsmessgeräte, Pyrometer) die in speziellen Prüf-Laboren durch Messungen an Temperatur-Referenzkörpern, so genannten »schwarzen Körpern« oder »schwarzen Strahlern«, kalibriert wurden. Die so gewonnene Kalibrierkurve kann in einen integrierten Rechner des Radiometers übernommen werden der dann errechnete Temperaturen angeben kann. Ein solches Radiometer wird dann zum Thermometer – besser: Strahlungsthermometer.

Normalerweise stört die »Anwesenheit« des Strahlungsthermometers den thermischen Zustand des beobachteten Gegenstandes nicht. Diese Art der Messtechnik ist »diskret«. Es gibt aber natürlich auch Ausnahmen. Fälle, in denen das Strahlungsthermometer den Zustand der Strahlung vom beobachteten Gegenstand ändert, sind selten aber möglich. Diese Ausnahme von »der Regel« kann eintreten, wenn verhältnismäßig kleine, »kalte« Gegenstände gemessen werden sollen, denen man sich für die Messung auf kurze Distanz nähern muss.

Die thermischen Kameras, die Temperaturen angeben, sind Radiometer mit räumlicher Abtastung. Das heißt, mit einer mechanischen (eher selten) oder elektronischen Flächen- Abtastung, die mit einem Rechner zusammenhängt, der dann die Temperaturen errechnet, bestimmt und ausgibt. Der thermische Bildgeber ist also nicht einfach nur ein »Empfänger« oder Sensor. Er kann die thermische Szene bildhaft darstellen.

Ein für Temperaturmessungen angewandtes Thermografiesystem besteht in der Regel aus einer thermischen Kamera mit integriertem Rechner oder einer thermischen Kamera und einer »Arbeitsstation« – dem externen Rechner. Im Rechner werden die Analyse, Bearbeitung, Datenspeicherung und Übertragung in Temperaturen gewährleistet. Heute besitzen die meisten Geräte interne Rechner, die einen Großteil dieser Aufgaben schon in der thermischen Kamera ermöglichen. Fast immer ist es möglich, die in der thermischen Kamera gespeicherten radiometrischen Daten auf einen externen Rechner zu übertragen und dort zu bearbeiten. Nur noch wenige Modelle thermischer Kameras, die heute noch auf dem Markt sind, erlauben dies nicht. Die Anzahl der (handgehaltenen) Geräte, die einen externen Rechner benötigen, um diese Aufgabe der radiometrischen Daten-Übertragung zu bewältigen, ist heute verschwindend gering geworden. Manche thermischen Kameras für industrielle Anwendungen, die »stationär«, also fest installiert sind, sind auf die Steuerung über einen externen Rechner angewiesen. Aber es gibt auch hier Geräte, die einen so genannten »stand alone« Betrieb ohne einen angeschlossenen Rechner erlauben. Diese Geräte zeichnen ähnlich einem Datenlogger in einer bestimmten »rate« auf und können später ausgelesen werden.

Durch die ständige Erweiterung der technischen Möglichkeiten, seien es die der thermischen Kameras oder die der Periphärie, gibt es heute fast nichts mehr - was es nicht gibt.

Die Infrarotthermografie selbst ist nur ein Teil der Temperaturmessung, eine Erweiterung der bildgebenden Technologie zur radiometrischen Messung von Temperaturen.

## Wärmekapazität

Das Verhältnis zwischen der Wärmemenge (Q), die von einem Gegenstand oder Körper aufgenommen wurde und der Erhöhung T (in K) seiner ursprünglichen Temperatur, ist die Wärmekapazität (c) des Gegenstandes.

$$c = \frac{Q}{\Delta T}$$

## Spezifische Wärmekapazität

Die spezifische Wärmekapazität, bzw. spezifische Wärme eines Körpers (c), ist die Wärmemenge, die notwendig ist, um die Temperatur einer Masseneinheit (1 Kg) dieses Körpers um 1K zu erhöhen.

Die spezifische Wärmekapazität »c« wird in $\frac{J}{kg \cdot K}$ angegeben.

Folgende Einheiten finden ebenfalls Verwendung:

$$c - \frac{J}{g \cdot K} - \frac{KJ}{kg \cdot K} = 1000 \frac{J}{kg \cdot K}$$

Unter der spezifischen Wärmekapazität versteht man also das Verhältnis der zugeführten Wärmemenge (Q) zum Produkt aus erwärmter Masse (m) und der Temperaturdifferenz ($\Delta T$).

$$c = \frac{Q}{\Delta T \cdot m}$$

Die spezifische Wärmekapazität hängt also vom Material und der Materialbeschaffenheit ab. Mit ihrer Hilfe lässt sich ermitteln, welche Wärmemenge erforderlich ist, um 1 kg eines bestimmten Materials um 1K zu erwärmen. »Q« ist die thermische Energie, die der Materie zugeführt (oder entzogen) wird, »m« ist die Masse des Körpers in Kg, »c« ist die spezifische Wärmekapazität (das »c« steht für engl. »capacity« = Kapazität) und $\Delta T$ ist die Temperaturänderung in K.

## Thermische Konduktion (Wärmeleitung)

Bei der Wärmeleitung (Konduktion) wird Wärmeenergie innerhalb eines Materials weitergeleitet. An Stellen höherer Temperatur besitzen die Moleküle eine höhere Energie. Ein Teil dieser Energie kann auf benachbarte Moleküle übertragen werden, wodurch bestehende Temperaturdifferenzen ausgeglichen werden. Hier findet ein thermischer Ausgleich statt.

Die pro Zeiteinheit übertragene Wärmemenge dQ/dt ergibt sich aus:

$$\frac{dQ}{dt} = \frac{\lambda \cdot S \cdot dT}{dx} \text{ in Watt (W) } \textit{(bzw. J/s)}$$

$\lambda$ = spezifische Wärmeleitfähigkeit in W/m·K
S = Querschnittsfläche des Materials in $m^2$
dT = Temperaturdifferenz in K (auch $\Delta T$)
dx = Abstand zwischen Bereichen unterschiedlicher Temperatur in Metern

$\lambda$ (Lambda) ist hierbei die spezifische Wärmeleitfähigkeit (eine Materialgröße), die angibt, wie gut ein Material die Wärme leitet. Je höher der Wert $\lambda$, desto höher ist die Wärmeleitfähigkeit des Materials. Wir rechnen mit der Querschnittsfläche eines Materials in $m^2$ (S), da es immer eine bestimmte Fläche *(variabler Länge)* ist, durch die die Wärme strömt.

*(Die Wärmeleitung wird vor allem in der aktiven Thermografie thematisiert und zur Anregung von Messobjekten genutzt.)*

## Wärmewiderstand

Analog zur Elektrizität, wo der Widerstand das Gegenteil der Leitfähigkeit ist, kann der Wärmewiderstand oder thermische Widerstand eines Materials definiert werden. Er ist umgekehrt proportional zur Wärmeleitfähigkeit. Das heißt, je besser ein Körper die Wärme ableitet, desto kleiner ist sein Wärmewiderstand.

Ein Material mit der Wärmeleitfähigkeit λ, der Länge L und der Oberfläche S hat einen thermischen Widerstand $R_{th}$ von:

$$R_{th} = \frac{L}{\lambda \cdot S} \text{ in } \frac{m^2 \cdot K}{W}$$

## Thermische Konvektion

Konvektion findet in Flüssigkeiten und Gasen (in Fluiden) statt und beschreibt die thermischen Gesamtbewegungen der flüssigen und gasförmigen Materie (Teilchen), basierend auf dem Temperaturunterschied zwischen zwei Volumenelementen.

$$Q = \frac{\Delta Q}{\Delta t} - \alpha \cdot (T1 - T2)$$

Diese Methode der Wärmeübertragung tritt bei der aktiven Thermografie z. B. bei der Erwärmung einer Struktur durch einen warmen Luftstrom und beim Abkühlen einer Struktur nach der Erwärmung auf.

## Thermische Strahlung (Wärmestrahlung)

Die thermische Strahlung wird von Materie emittiert, entsprechend ihrer Temperatur und ihrer kapazitären Eigenschaft oder Fähigkeit, Strahlung abzugeben. Diese Emission findet in einer transparenten oder halbdurchsichtigen, in jedem Fall aber für elektromagnetische Strahlung durchlässigen Umgebung statt. Der Wärmeaustausch zwischen einem Körper und seiner Strahlungsumgebung oder einer Strahlungsquelle ist eine weitere Art des Energietransfers.

Die Erwärmung eines Körpers durch eine Wärmelampe ist ein Beispiel für Energieaustausch durch Strahlung. Dieser Austausch ist praktisch einseitig, also eindirektional, zwischen dem »Sender« (der Wärmelampe) und dem »Empfänger« (dem Körper). Die von einem Strahlungsthermometer oder einer thermischen Kamera empfangene thermische Strahlung zeigt dasselbe Prinzip für einen eindirektionalen Energieaustausch zwischen einem »Sender« und einem »Empfänger«.

## Das thermische Gleichgewicht

Ein Körper ist im thermischen Gleichgewicht, wenn sich seine Temperatur im Laufe der Zeit nicht mehr ändert. Dieses thermische Gleichgewicht ergibt sich aus der Gleichheit der positiven (vom Körper empfangene Wärme) und der negativen thermischen Übertragung (vom Körper abgegebene Wärme). In diesem Zustand ist ein Körper thermisch »eingeschwungen«, er befindet sich im thermischen Gleichgewicht. Dies bedeutet jedoch nicht automatisch, dass eine Wärmeübertragung, in welcher Form auch immer, nicht mehr stattfindet. *(Der Faktor Zeit befindet sich hierbei in einer so genannten »annehmbaren Größe«).* Das thermische Gleichgewicht eines Körpers ergibt sich also entweder aus dem Wärmeaustausch durch Leitung (Konduktion) mit den Gegenständen, die in Kontakt mit dem Körper sind, aus dem Wärmeaustausch durch Wärmeströmung (Konvektion) zwischen der Luft und der Oberfläche des Körpers mit der er in Kontakt ist oder aus dem Wärmeaustausch durch Strahlung innerhalb der gesamten Strahlungsumgebung des Körpers.

*(Die Strahlungsumgebung ist einer der für die Thermografie wichtigsten, grundlegenden physikalischen Aspekte. Er ist für die thermografische Darstellung ausschlaggebend, sowohl in der Bilderstellung, als auch bei der Temperaturmessung.)*

## Die »acht Temperaturen«

### Die so genannte »wahre« Temperatur

ist die tatsächliche Temperatur des beobachteten Körpers. Es ist diejenige, die man versucht, zu bestimmen.

### Die »berechnete« Temperatur

ist die durch die Strahlungsmessung, die Kalibrierkurve und die Einflussgrößen berechnete Temperatur des beobachteten Körpers. Sie kommt der tatsächlichen Temperatur so nahe wie möglich.

### Die »scheinbare« Temperatur

ist die mithilfe der Kalibrierkurven direkt berechnete Temperatur, als ob man einen schwarzen Körper beobachtet - ohne die folgenden Einflussgrößen zu berücksichtigen:

Emissivität = 1, Messabstand = Kalibrierabstand *(oder Abstand null - je nach thermischer Kamera.)*

### Die »reflektierte« Temperatur ($T_{refl}$)

ist der Temperaturmittelwert der Objekte in der Umgebung der beobachteten thermischen Szene. Gewöhnlich ist das eine Menge fester Körper, deren

Strahlungen sich über die thermische Szene in Richtung der Kamera reflektieren können. Die reflektierte Temperatur muss gleichmäßig sein *(sie darf »über die annehmbare Zeit« nicht variieren)*. Sie ist eine wichtige Einflussgröße.

**Die »Atmosphärentemperatur« ($T_{atm}$)**

ist die atmosphärische Temperatur zwischen der thermischen Szene und der thermischen Kamera. Sie spielt eine Rolle, sobald der Messabstand zunimmt oder wenn diese Temperatur höher als die des Prüfobjektes, des zu prüfenden Körpers ist. Es handelt sich um eine Gastemperatur und ist für größere Abstände oder Entfernungen ebenfalls eine wichtige Einflussgröße.

**Die »Hintergrundtemperatur«**

ist die Temperatur genau des Teiles der thermischen Szene, in deren Vordergrund das Objekt steht, dessen Temperatur gemessen wird (also die Temperatur des Raumes hinter dem Messobjekt). Dieses Objekt ist in der Regel kleiner als das räumliche Aufnahmevermögen der Kamera. Es ist so lange keine Einflussgröße, wie die Bedingungen zur Gültigkeit der Übertragungsgleichung in Temperaturen eingehalten werden. Aber sie wird zur Einflussgröße, wenn das Prüfobjekt, räumlich gesehen, sehr klein ist.

**Die »Umgebungstemperatur« ($T_{umg}$)**

ist die Temperatur der Luft *(oder des »Raumes«)*, in der sich die thermische Kamera befindet. Für die »klassischen« thermischen Kameras ist es normalerweise keine Einflussgröße, da die Abweichungskompensation ausgleichend wirkt. Für Matrixkameras ist es prinzipiell notwendig, diese Abweichungskompensation *(synchron mit der »NUC«, d. h. der Ungleichmäßigkeitskompensation)* immer vor der Erfassung thermischen Bilder zu verwirklichen. Bei manchen thermischen Kameras geschieht dies bereits automatisch.

**Die »Objektumgebungstemperatur« (oder – die Temperatur von der thermischen Szene)**

ist die Temperatur der Luft, in der sich das Prüfobjekt oder die thermische Szene befindet. Es ist keine Einflussgröße der Thermografie. Das Messergebnis kann aber trotzdem von dieser Temperatur abhängen, weil sie eine Einflussgröße der Thermik ist.

## Einflussgrößen der Thermografie bei kurzem Aufnahmeabstand

Wichtige Einflussgrößen sind:

- Emissivität
- reflektierte Temperatur
- Dimensionen des Objekts
- Hintergrundtemperatur.

### Bedingungen zur Gültigkeit der Übertragungsgleichung

- Das Objekt ist ein grauer und undurchsichtiger Körper innerhalb des Spektralbandes der thermischen Kamera.
- Die reflektierte Temperatur ist gleichmäßig und die Umgebung entspricht einem schwarzen Körper.
- Das Prüfobjekt ist ausreichend groß im Bezug zum räumlichen Auflösungsvermögen der Kombination thermische Kamera + Objektiv.

### Messung der scheinbaren Temperatur

Man will in der Messsituation wie in einer Eichungssituation arbeiten. So als ob es sich nur um schwarze Körper handeln würde, mit denen man messtechnisch umgeht. Die Einflussgrößen werden festgelegt und in die thermische Kamera oder ins System eingegeben. Die thermische Kamera beobachtet ein Objekt in einer thermischen Szene und misst dabei diesen radiometrischen Wert.

### Messung eines heißen Objekts mit hoher Emissivität und bei kurzem Abstand

In dieser Messsituation wird die reflektierte Temperatur vernachlässigt. Das ist probat (für diesen Zweck geeignet), wenn das Objekt wärmer ist als seine Umwelt und wenn seine Emissivität hoch ist.

### »Gewöhnliche« Messung mit reflektierter Temperatur

Die Umgebung emittiert eine Strahlung in Richtung der thermischen Szene. Diese Strahlung wird zum Teil in Richtung der thermischen Kamera gespiegelt. Die thermische Kamera empfängt also sowohl eine vom Objekt emittierte Strahlung als auch eine vom Objekt reflektierte Strahlung. Es ist wichtig zu verstehen, dass die Emissivitat eines Materials keine Rolle spielt, wenn dieses Material dieselbe Temperatur hat wie seine Umgebung. Es ist wie im Hohlraum eines schwarzen Körpers, dessen Wandmaterial ohne Bedeutung ist, weil die durch das Gerät wahrgenommene Strahlung der schwarzen Strahlung des Hohlraums entspricht. Somit ist bei isothermen oder praktisch isothermen Anwendungen der Wert der Emissivität für die Bestimmung der absoluten Temperaturen sehr sekundär, um nicht zu sagen unwichtig. Im Übrigen ist das bei solchen Anwendungen kaum von Interesse. Ein hoher Emissivitätswert ist dagegen sehr wichtig, um Temperaturunterschiede zu messen. Insbesondere dann, wenn die Temperaturunterschiede schwach sind.

**Vorsicht - Falle!**

In einigen thermischen Kameras mit integrierter Umrechnung in Temperaturwerte sowie in Thermografiesystemen gibt es Verwirrung zwischen den Einflussgrößen »reflektierte« und »atmosphärische« Temperatur.

So werden in Kameras verschiedener Hersteller - besser - in deren Software, diese beiden Größen verwechselt. Bei einigen werden sogar falsche Begriffe verwendet.

Diese zwei Größen sind unter den Namen $T_{amb}$ »ambient temperature«, und »background temperature« angegeben. Die Umgebungstemperatur als $T_{amb}$ und die atmosphärische Hintergrundtemperatur als »background temperature« anzugeben ist eine falsche, aber leider sehr verbreitete Bezeichnung bei Kamera- und Softwareentwicklern sowie verschiedenen Herstellern.

Thermische Kameras sollten die reflektierte Temperatur mit der richtigen Bezeichnung »$T_{refl}$« angeben. Die Software sollte die Umgebungstemperatur mit »$T_{umg}$« angeben.

Andere Kameras berücksichtigen die Emissivität und messen die interne Temperatur der Kamera, die sie dann automatisch in die Berechnungen einführen, als Wert der reflektierten Temperatur. Diese Vorgehensweise ist für die gebräuchlichsten Fälle zulässig, erlaubt aber leider nicht, die Gesamtheit der Anwendungen abzudecken.

Ein Bild qualitativ zu begreifen heißt, die Strahlungen zu erkennen und zu verstehen, sie zu identifizieren. Die Beherrschung einer Beobachtungssituation führt dazu, dass thermische Bilder gewonnen werden, die bezeichnend sind für die räumliche Verteilung der Temperaturen, noch bevor über Temperaturwerte gesprochen wird. Dann, wenn die thermische Kamera es erlaubt (d. h. eine »Messkamera«, für die thermische Bilder als Karten mit Strahlungsdichten quantifizierbar sind), kann unter Berücksichtigung der Werte der Einflussgrößen zu Temperaturen übergegangen werden. Die thermischen Bilder werden so zu Thermogrammen umgewandelt. Diese Vorgehensweise ist absolut unentbehrlich vor jedem Versuch, Strahlungswerte in Temperaturwerte umzuwandeln. Durch die tägliche Praxis wird den interessierten Prüfern die Strahlung vertraut. Sie werden dann aufmerksam sein und sich nicht durch die Bilder irreführen lassen.

# 4 Strahlungsphysik

**Infrarot ≈ Kälte**

Warum spricht man über infra(rot) und über ultra(violett), obwohl die Wellenlängen des Infrarot größer sind als die Wellenlängen im Ultraviolett?

Diese Namen mit »infra« und »ultra« gehen darauf zurück, dass sie mit Energie verbunden sind, die die Strahlung befördert. Diese Energie ist proportional zur Strahlungsfrequenz, die eine umgekehrte Funktion der Wellenlänge ist. »Ultraviolett« ist also »energiereicher« als »Infrarot«.

Ein »kalter« Körper enthält demnach wenig Energie. Wenn diesem Körper mittels Erwärmung Energie zugeführt wird, so gibt er einen bestimmten Teil dieser Energie wieder ab – in Form von Strahlung in den infraroten Wellenlängen. Wird er weiter erhitzt, dann strahlt er in den Wellenlängen des sichtbaren Spektrums – bis zum »rot erhitzten« Körper. Der Wolframfaden einer Glühlampe ist ein gutes Beispiel für einen Körpers, der durch elektrischen Strom auf bis zu 3000 °C erhitzt wird. Er emittiert dann sowohl sichtbare Strahlung als auch – und besonders – infrarote Strahlung.

Eine »infrarote« Lampe, die dazu dient, Gegenstände aufzuheizen (wir kennen sie alle noch als gutes altes Hausmittel bei Erkältungen), ist »kälter« als eine für die Beleuchtung bestimmte »normale« Glühlampe, die also im sichtbaren Spektrum strahlt. Es ist hauptsächlich in der Energieeinsparung begründet, dass Infrarot-Lampen zur Wärmeübertragung anstelle der üblichen (Glüh-) Lampen verwendet werden, obwohl diese viel leistungsfähiger wären. (Vergleich: Glühlampe oder »Heat Ball«?).

Wir stellen also fest, dass »infrarot« eher mit »Kälte« zu verbinden ist und nicht, entgegen des allgemein verbreiteten Eindrucks, mit »Hitze«.

Die Infrarot-empfindlichen thermischen Kameras wurden konzipiert, um die Körper (Gegenstände) bei so genannten »gewöhnlichen«, also niedrigen Temperaturen zu betrachten. Daher benutzen wir den Ausdruck der »gewöhnlichen« Temperatur.

Die mittels ZfP (Zerstörungsfreie Prüfung) zu prüfenden Strukturen haben in der Regel ebenfalls »niedrige« Temperaturen. *(Jedenfalls in den meisten Sektoren für Thermografie).*

### Grundbegriffe der thermischen Strahlung

Die hier erwähnten Begriffe sind nicht ausschließlich oder »nur« theoretisch, sondern finden in der täglichen Praxis Anwendung. Die Anwender, die die Thermografie nutzen, können sich nur dann echte Fachleute nennen, wenn sie diese Grundbegriffe kennen und berücksichtigen. Das ist die minimale Grundlagenkenntnis, die ein »Thermografie-Anwender« haben sollte. Nicht zuletzt deswegen, weil die fachlichen Kommunikationsmöglichkeiten ansonsten verschwindend gering wären. Wir versuchen, die Zusammenhänge richtig zu verstehen und dem, was wir sehen, einen Namen zu geben. Je geläufiger die Bezeichnungen sind, umso genauer lässt sich fachlich verbalisieren.

Das Ziel ist es, dass jeder interessierte Anwender der Thermografie versteht, weswegen er die Strahlungsgesetze kennen muss, um die Beobachtung und die Temperaturmessung durch Strahlung richtig zu bewerkstelligen.

### Das Spektrum der elektromagnetischen Strahlung

Materie emittiert eine elektromagnetische Strahlung.

Die »Wellen« von Radio oder Fernsehen, Röntgenstrahlen, sichtbares Licht, das Ultraviolette und Infrarot, all das sind elektromagnetische Strahlungen.

Die folgende Darstellung zeigt einen Teil des Spektrums der elektromagnetischen Strahlung.

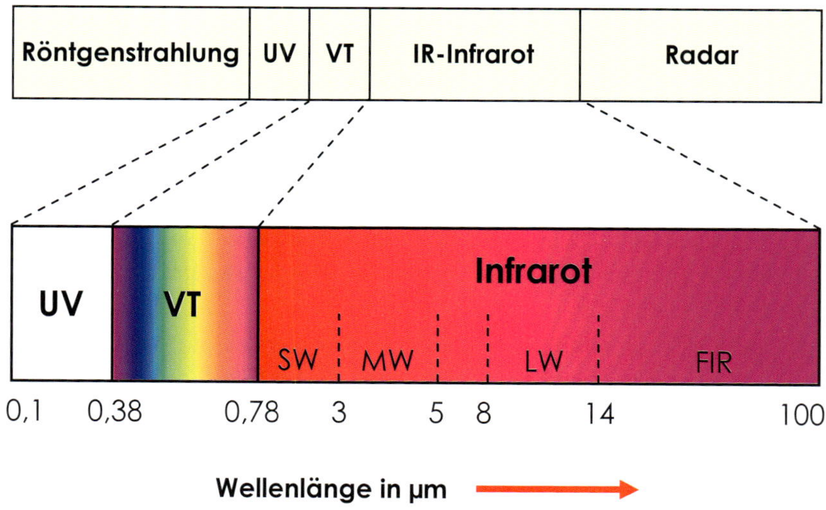


**Abb. 6:** Spektrum der elektromagnetischen Strahlung

Das sichtbare Spektrum geht von 0,38 bis 0,78 µm (Mikrometer), vom Violett zu Rot.

Das Infrarot erstreckt sich von 0,8 bis ungefähr 1 000 µm.

In der Radiothermometrie und in der Thermografie spricht man immer in Wellenlängen und ausschließlich in »µm«. Man interessiert sich in der Infrarotthermografie klassischerweise für die Strahlungen zwischen ca. 0,8 bis 3, 3 bis 5 und 8 bis 14 µm. Es handelt sich hierbei um das kurzwellige *(SW/short wave, auch »nahes« oder »kurzwelliges«)*, das mittlere *(MW/mid wave, mittelwellen)* und langwellige *(LW/long wave, manchmal auch »fernes«)* Infrarot.

## Die emittierte Strahlung

Materie emittiert elektromagnetische Strahlung, deren Stärke eine Funktion der Temperatur ist.

Bei - 273 °C ist der Körper energetisch gesehen »untätig«.

Max Planck hat im Jahre 1900 die Emission eines (theoretisch) idealen Körpers berechnet. Das Gesetz von Planck wird in Form von sehr interessanten Kurven klar formuliert. Sie bilden die absolute Grundlage für die Möglichkeit *(und die Relevanz)* der Temperaturmessung über die Strahlung.

Auf den im Diagramm gezeigten Kurven von Planck ist zu erkennen, dass bei 30 °C das Maximum der elektromagnetischen Strahlung bei einer Wellenlänge von nahezu 10 µm liegt. Bei 500 °C hingegen liegt das Maximum bei 3,7 µm. Diese Kurven heben hervor, dass es (ungeachtet der betrachteten Wellenlänge) immer eine bestimmte abgestrahlte Leistung gibt, denn der »ideale Körper« strahlt auf allen Wellenlängen. Er ist nicht wie z. B. ein Radiosender, der nur auf einer bestimmten Wellenlänge emittiert.

Die Kurven sind kontinuierlich - das Emissionsspektrum ist ein kontinuierliches Spektrum.

Selbst bei - 50 °C strahlt ein Gegenstand im sichtbaren Spektrum, aber der sichtbare Anteil dieser Emission ist sehr gering. Bei einer Wellenlänge von 3 bis 5 µm z. B. nimmt die emittierte Strahlungsleistung zu, wenn die Temperatur des »idealen Körpers« steigt.

Bei einigen, verschiedenen Temperaturen schneiden sich die Kurven von Planck nicht. Die vom idealen Körper emittierte Strahlung ist eine wachsende Funktion ihrer Temperatur, ungeachtet der Wellenlänge oder des Wellenlängenbandes.

Nehmen wir z. B. ein Radiometer, das für elektromagnetische Strahlung der Wellenlängen 3 bis 5 µm oder 8 bis 14 µm empfindlich ist und die Strahlungs-

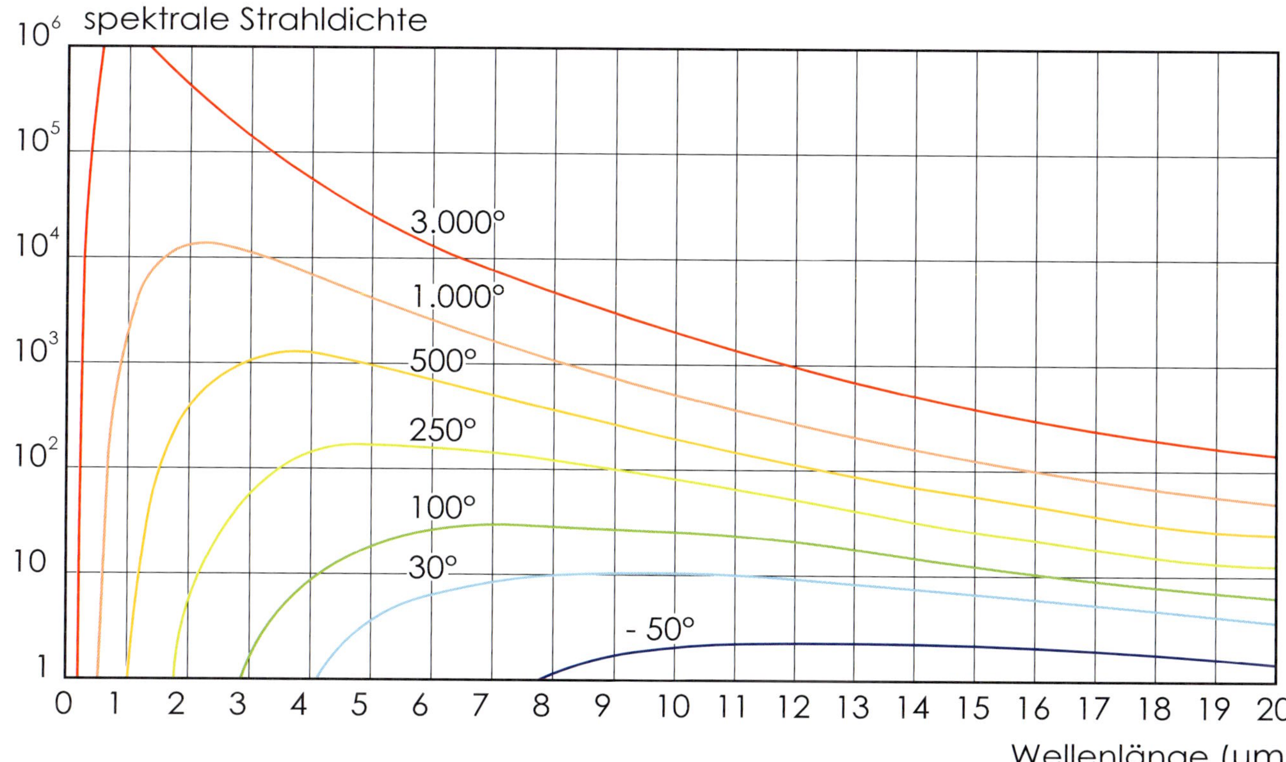


**Abb. 7:** Die Kurve nach Planck
*(Für Spezialisten: Vorsicht beim Maßstab der Ordinate in Strahldichte: Sie ist logarithmisch.)*

leistung misst. Wir richten es auf einen »idealen Körper«: Die Strahlungen, deren Wellenlängen zwischen 3 bis 5, oder 8 bis 14 µm angesiedelt sind, werden durch dieses Gerät empfangen und gemessen.

## Der Strahlungsfluss

In diesem Kapitel werden elementare, aber teilweise komplizierte Grundbegriffe erklärt. Sie dienen dazu, die Begriffe der Strahlung und der Strahlungsdichte zu verstehen.

### Die elektrische Herdplatte als praxisbezogenes Beispiel

Betrachten wir eine Heizplatte (vom elektrischen Herd) und bringen wir sie zur Rotglut - sie ist also bei einer Temperatur von über 500 °C. Die Platte bringt elektromagnetische Strahlung hervor. Sie strahlt Energie aus. Sie emittiert elektromagnetische Strahlung. Die hervorgebrachte Energie ist die Strahlungsleistung in Watt (W) ausgedrückt. Der Strahlungsfluss Phi ($\phi$) ist die hervorgebrachte Energie, abhängig von der Zeit und ausgedrückt in Joule pro Sekunde (J/s). Die elektrische Leistung der Heizplatte wird zum Teil in Strahlungsleistung umgewandelt. Ungeachtet der Beobachtungsrichtung, wenn man durch den Raum geht, in dem sich die Platte befindet, wird die Platte immer »rot« gesehen. Aber wenn man sich setzt, sieht man dieses »Rot« nicht mehr. Wenn der Beobachtungswinkel also kleiner wird, ändert sich auch die Ansicht - obwohl die Platte immer noch gleich warm ist. Es gibt eine verhältnismäßig einfache Erklärung für diesen Effekt: Die Emission der Platte findet *im* Halbraum *über* der Plattenebene oder eben *in* der Hemisphäre statt. Diesen Effekt kann man mit einer solchen Platte am leichtesten beobachten.

Im folgenden Abschnitt wird die Heizplatte oder Herdplatte als Beispiel für die für uns in der passiven Thermografie wichtige Strahlung - und für Strahlungseffekte - verwendet.

**Abb. 8:** Heizplatte, 1200 Watt

Wir verwenden in praktischen Versuchen eine handelsübliche elektrische Heiz- oder Herdplatte, die wir auf verschiedene Temperaturbereiche oder Stufen regeln können. Die Untersuchungen führen wir mit der thermischen Kamera und anderen Thermometern durch. Hierbei treten verschiedene Effekte auf, die im Einzelnen nachfolgend beschrieben werden.

**Strahlungsfluss $\phi$:**

Pro Zeiteinheit abgestrahlte Energie

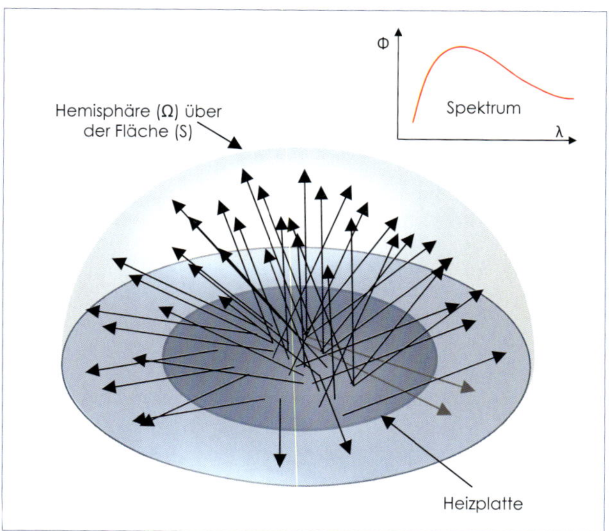


**Abb. 9:** Strahlungsfluss $\phi$: Der Strahlungsfluss, der durch die Heizplatte hervorgebracht wird

Die gesamte Fläche (S) strahlt über das gesamte Spektrum in die Hemisphäre ($\Omega$) ab, also den so genannten »Halbraum« über der Heizplatte.

Gehen wir etwas mehr ins Detail.

Die Platte setzt sich aus einer Gesamtheit von Oberflächenelementen, so genannten Teilflächen, zusammen. Wir interessieren uns hier für ein bestimmtes Element der Plattenoberfläche, z. B. einen bestimmten Quadratzentimeter.

Der Strahlungsfluss (bzw. die abgestrahlte Leistung), der durch dieses spezielle Oberflächenelement hervorgebracht wird, ist die in Watt pro Quadratmeter ($W/m^2$) ausgedrückte spezifische Ausstrahlung (M).

## Die spezifische Ausstrahlung

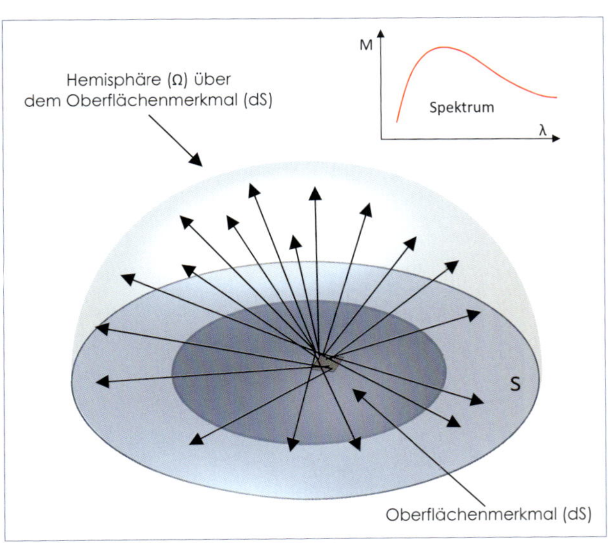


**Abb. 10:** Spezifische Ausstrahlung M:
(Strahlungsfluss in den Halbraum pro Flächenelement dS)
Die spezifische Ausstrahlung über der Heizplatte

Das Oberflächenelement (dS) strahlt über das gesamte Spektrum in die Hemisphäre ($\Omega$) ab.

Wir werden jetzt nur eine einzige Emissionsrichtung anstatt der vollständigen Hemisphäre in Betracht ziehen. Ebenso verhält es sich bei der Verwendung einer thermischen Kamera. Auch dabei beobachtet oder misst man immer nur einen Teil, einen Flächenausschnitt der Hemisphäre über dem Messobjekt. »Über« – heißt in unserem »ideal«-Fall: 90° zum Messobjekt gesehen.

Eine Emissionsrichtung, die durch das Zentrum des Oberflächenelementes und in einem Punkt definiert wurde, ist auf der Hemisphäre angesiedelt. Um diese Richtung herum »baut« man einen Kegel, unter dessen Gipfel das Zentrum des Oberflächenelements liegt und dessen Basis eine Oberfläche ist, die zur Hemisphäre gehört. Dieser Kegel hat einen Winkel im Gipfel und definiert einen Teil vom Raum, den man als Raumwinkel bezeichnet. Wir betrachten den Raumwinkel oder die Raumwinkeleinheiten in so genannten »Steradianten« (sr). In diesem Kegel geht nur ein Teil der emittierten Strahlung durch das Element der Oberfläche der Platte über.

Es ist die in $W/m^2 \cdot sr$ ausgedrückte Gesamtstrahldichte ($L_\Omega$).

### Gesamtstrahldichte

Gesamtstrahldichte L:
Strahlungsfluss je Flächenelement dS und Raumwinkel dW

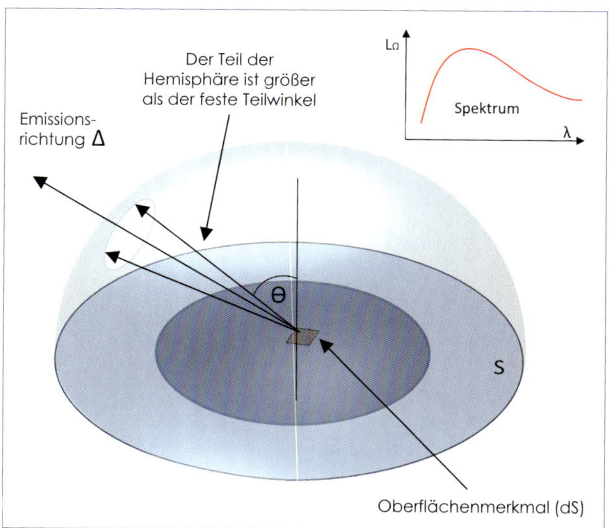


**Abb. 11:** die Gesamtstrahldichte L:
Strahlungsfluss je Flächenelement dS und Raumwinkel dW

Das Oberflächenelement (dS) emittiert über das gesamte Spektrum innerhalb eines Raumwinkels. Die Heizplatte bringt viele Wellenlängen hervor. Betrachten wir nur ein einziges Wellenlängenband um eine bestimmte Wellenlänge herum, ist es das Spektralbandelement ($d_\lambda$) in Mikrometer (μm). Die Strahldichte in einem Spektralbandelement ist die spektrale Strahldichte ($L_{\Omega\lambda}$), die in W·/m²·sr·μm ausgedrückt wird.

*(Nicht verwechseln: Die vorherige Strahldichte über das ganze Spektrum war die Gesamtstrahldichte).*

### Die spektrale Strahldichte

Spektrale Strahldichte $L_{\Omega\lambda}$:
Strahlungsfluss je Flächenelement dS, Raumwinkel dW und Spektralbereich dl

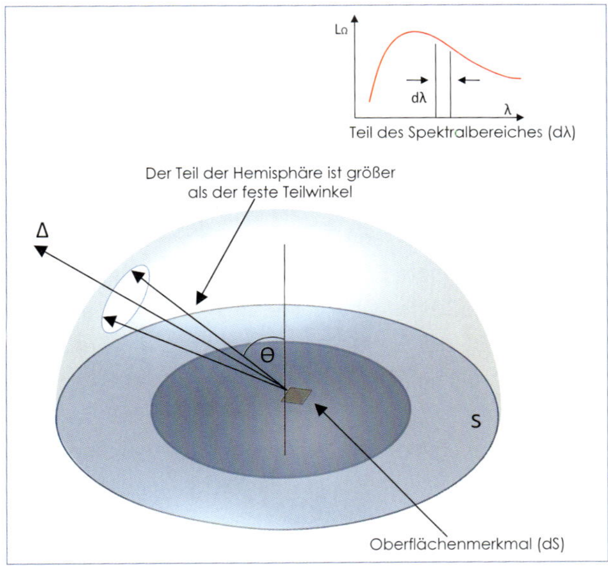


**Abb. 12:** Spektrale Strahldichte $L_{\Omega\lambda}$:
Strahlungsfluss je Flächenelement dS, Raumwinkel dW und Spektralbereich dl

Das Oberflächenelement (dS) emittiert über einen Teil des Spektralbandes ($d_\lambda$) innerhalb eines bestimmten Raumwinkels.

## Das Strahlungselement

Die spektrale Strahldichte ist unabhängig von der Beobachtung durch irgendein Gerät. Es ist die von einem Oberflächenelement emittierte Strahlung, in einem Raumwinkelelement um eine bestimmte Richtung herum, in einem

Spektralbandelement um eine bestimmte Wellenlänge herum. Es ist eben die Größe, die durch das Gesetz und durch die Kurven von Planck beschrieben wird. Gehen wir zum »Strahlungsempfang« durch unser Auge oder durch ein Gerät über. Für diejenigen, die den Umgang mit fotografischen Kameras gewohnt sind, wird die Sache ziemlich einfach sein. Die Grundbegriffe sind dieselben. Unser Auge sieht eine elementare Oberfläche (in unserem Fall die der Platte) gemäß seinem Auflösungsvermögen. Diese elementare Oberfläche kann sich in einer Anzahl von Oberflächenelementen ausdrücken. Diese zwei Begriffe sind nicht zu verwechseln: Elementare Oberfläche und Oberflächenelement. Das durch die thermische Kamera gelieferte Bild scheint »etwas unscharf«- also nicht sehr gut definiert. Die fotografische Kamera hat im Allgemeinen ein besseres Auflösungsvermögen als unser Auge. Die elementare Oberfläche, die durch die thermische oder fotografische Kamera gesehen wird, ist größer als die durch das Auge gesehene. Die Augen verschiedener Personen sind nicht identisch; dasselbe gilt für die Kameras. Es ist also die Kamera, die die elementare Oberfläche definiert, die sie beobachtet. Es sind die Dimensionen des Detektors und die Brennweite des Objektivs (gegeben durch den Aufbau), die hierbei entscheidend sind. Ebenso wie auch der Abstand zwischen der thermischen Kamera und der Heizplatte. Analog zu einem Projektor oder Beamer, der das Bild der Oberfläche des »Positivs« auf eine Projektionsleinwand projiziert, ist die elementare Oberfläche die durch die thermische Kamera gesehen wurde die Projektion des Detektors auf die beobachtete Szene *(Projektion eines einzigen Detektors/oder Pixels bei Kameras mit Detektormatrix)*. Der Detektor bildet die Summe der Strahldichten, die durch alle Oberflächenelemente der elementaren Oberfläche, die er beobachtet, emittiert wurden. Das Auge oder die thermische Kamera beobachten die Heizplatte aus einer vom Prüfer gewählten, bestimmten Richtung. Der Kegel, durch den sich die auf unser Auge ankommenden Strahlen ausbreiten, wird durch die Pupillenoberfläche des Auges definiert. Man spricht auch bei der thermischen Kamera mitunter von einer »Pupille« *(man kann die erste Linse des Objektives hiermit vergleichen)*. Alle Strahlen in diesem Kegel werden durch die Kamera empfangen. Die Kamera integriert die Strahlung, die durch diesen Kegel geht und deren fester Winkel durch eine Anzahl von Winkelelementen ausgedrückt wird. Die Größe der »Eingangspupille« der Kamera wird durch die Apertur (oder Blende) definiert – wie beim Fotoapparat. Bei thermischen Kameras wird die Apertur auch durch den Aufbau der Kamera gegeben. Sie kann nicht null sein, weil dann keine Strahlung eintreffen könnte, da die »Blende« dann »zu« wäre. Schließlich integriert die Kamera die Strahlungen in einem gegebenen Spektralband, ausgedrückt in vielen Elementen vom Wellenlängenspektrum, in µm.

Das Spektralband wird also durch den Aufbau der Kamera definiert.

## Das Radiometer

ein Strahlungsempfänger mit den Charakteristika: Apertur, Brennweite, Filter.

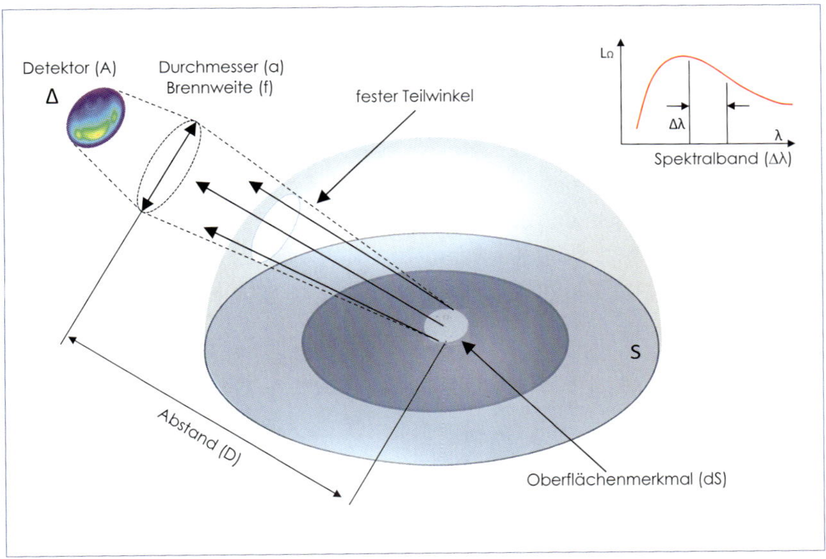


**Abb. 13:** Eigenschaften der Kamera
Ein Strahlungsempfänger mit den Charakteristika: Apertur, Brennweite, Filter

Das Radiometer erfasst ein Oberflächenelement ($\Delta S$) unter einem bestimmten Raumwinkel in einem Spektralband ($\Delta\lambda$).

Somit erhält die thermische Kamera eine Gesamtheit von spektralen Strahldichten aus einer elementaren Oberfläche in einem festen Winkel um eine ausgewählte Richtung und in einem bestimmten Spektralband. Die thermische Kamera misst also einen Strahlungsfluss. *(Für Spezialisten: Der Strahlungsfluss ist in Anbetracht der relativen Unveränderlichkeit der Parameter der thermischen Kamera, die in der Konfiguration vom Prüfer ausgewählt wurden, proportional zur Strahldichte).*

Deshalb sagt man, dass die thermische Kamera »nur« die Strahldichten misst. Demnach ist klar, dass die Kamera eben *keine* Temperaturen misst!

Wir stellen fest, dass die thermische Kamera in der Messung der Strahlungsleistung (dem Strahlungsfluss) durch die Distanz und die Beobachtungsrichtung, die Brennweite, die Dimension des Detektors, die Blende und das Spektralband interveniert. *(Die thermische Kamera nimmt also durch ihren Aufbau Einfluss auf das Messergebnis, obwohl sie an der thermischen Szene »nicht beteiligt« ist).* Die thermische Kamera muss also charakterisiert und kalibriert werden, damit wir genau wissen, welche Rolle sie bei der durchgeführten Messung spielt. Dieser Aspekt ist bei jeder erneuten Messung, nach jedem Einschalten der thermischen Kamera zu beachten.

Als Schlussfolgerung werden wir die Aufmerksamkeit auf den thermischen Aspekt, die Temperatur einer beobachteten Szene lenken, aber auch auf die räumlichen, richtungsrelevanten und spektralen Aspekte eingehen.

Die thermische Kamera misst lediglich einen verhältnismäßig schwachen Anteil der Strahlung, die der beobachtete Körper aussendet. Sie misst also nicht die ganze, von diesem Gegenstand emittierte Strahlungsleistung.

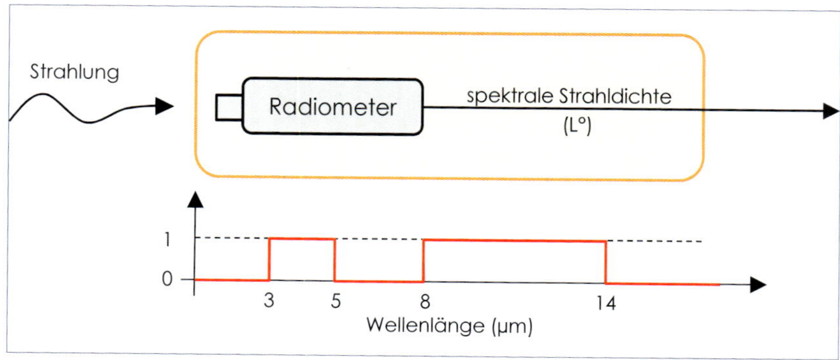


**Abb. 14:** das Radiometer

Für einen idealen Körper mit der Temperatur $T_0$ liefert das Radiometer einen radiometrischen Wert, der der Summe $L_0$ der Strahlungsleistung aller Wellenlängen zwischen 3 und 5 µm oder 8 bis 14 µm entspricht. Für einen idealen Körper mit der Temperatur $T_1$ liefert das Radiometer $L_1$, usw.

## Die Systemkonfiguration und die Rolle des Prüfers

Die thermische Kamera wird in die Beobachtungssituation nur durch den Prüfer »eingeführt«. Sie erkennt keine Situation oder Szene selbstständig. Auch eine etwaig vorhandene »Automatik« Funktion übernimmt diese Aufgaben nicht.

**Der Prüfer beschließt:**

- den Einsatz der Kamera
- die Kamerakonfiguration
- die Beobachtungsrichtung
- den Beobachtungsabstand.

Die thermische Kamera, durch ihren Aufbau und durch die vom Prüfer definierte Konfiguration vorgegeben, bestimmt:

- die beobachtete elementare Oberfläche, abhängig von den Dimensionen des Detektors, von der Brennweite (Objektiv) und vom Aufnahmeabstand
- den Raumwinkel, unter dem die elementare Oberfläche die Pupille der Kamera sieht, abhängig von der Apertur des Objektivs (Blende) und vom Aufnahmeabstand
- das Spektralband, in dem die Kamera die Wärmeflüsse von verschiedenen Wellenlängen (z. B. auch durch Filter) erhält.

Für die thermischen Kameras wird die Konfiguration also durch die folgende Gruppe definiert: Objektiv, Apertur, Filter.

Der Parameter, der benutzt wird, um den vom Detektor empfangenen Strahlungsfluss zu vermindern oder zeitlich zu begrenzen, nennen wir die »Integrationszeit«. Sie entspricht der »Belichtungszeit«.

## Die Kalibrierkurve

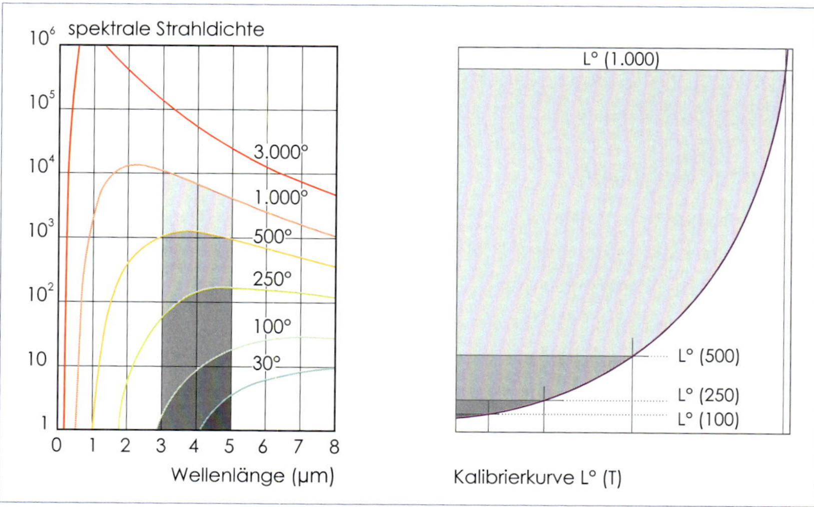


**Abb. 15:** die Kalibrierkurve – Aufnahme einer Kalibrierkurve

Die Potenz gibt an, dass es sich um eine Kalibrierkurve handelt, also um einen »idealen« Körper. Hieraus erhält man eine Kurve mit dem Verhältnis zwischen der Temperatur (T) und der gemessenen Strahldichte (L) = Die Kalibrierkurve des Radiometers L° (T). Das Kalibrieren ist eine wichtige Operation, die darin besteht, die internen Einstellungen eines Messgerätes anzupassen. Damit wird gewährleistet, dass es die Werte innerhalb eines für seinen vorgesehenen Messbereich spezifizierten Maßstabs messen kann.

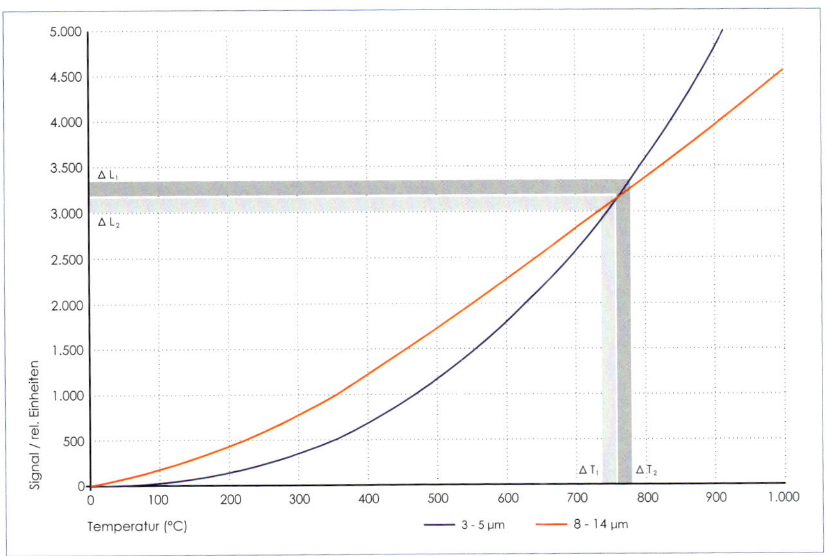


**Abb. 16:** Beispiel einer Kalibrierkurve

Ein Radiometer, das an seine Kalibrierkurve gebunden ist oder diese Kurve im internen Rechner integriert hat, wird Strahlungsthermometer genannt. Es gibt so genannte »scheinbare« Temperaturen an.

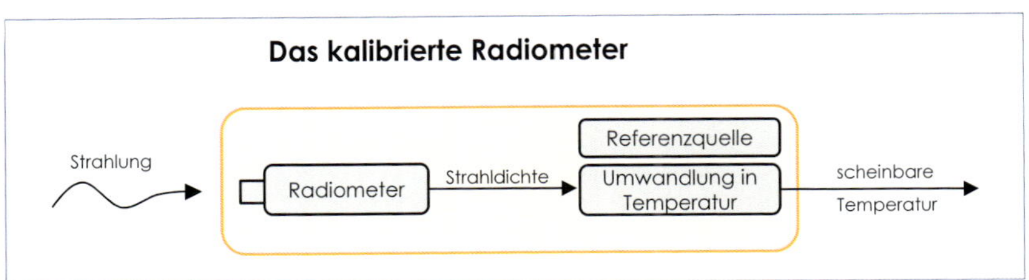


**Abb. 17:** das kalibrierte Radiometer

Die Kurven von Planck können also auch dazu dienen, zu verstehen, wie die thermometrische Messung über die Strahlung bei einem »idealen« Körper funktioniert.

*(Für Spezialisten: Auf den Darstellungen der Planck'schen Kurven gibt die gestrichelte Linie/Kurve den Punkt des Maximum der Emission des idealen Körpers entsprechend seiner Temperatur an. Diese Linie entspricht ihrer Lage nach dem »Wien'schen Verschiebungsgesetz« .)*

Bei jeder Temperatur gibt es eine Wellenlänge, für die die Emission maximal ist. Wenn die Temperatur ansteigt, verschiebt sich die Wellenlänge des Emissionsmaximums in Richtung der kürzeren Wellenlängen. Die emittierte Strahlung eines idealen Körpers, der bis zur »Röte« aufgeheizt wird, beginnt dann für unsere Augen sichtbar zu werden. Aber der größte Teil der Strahlung findet noch immer im infraroten Bereich statt. Wird der Körper weiter erwärmt, erscheint er uns zunächst rot und bei sehr hoher Temperatur dann weiß.

Als Beispiel: Glühfarben von Stahl

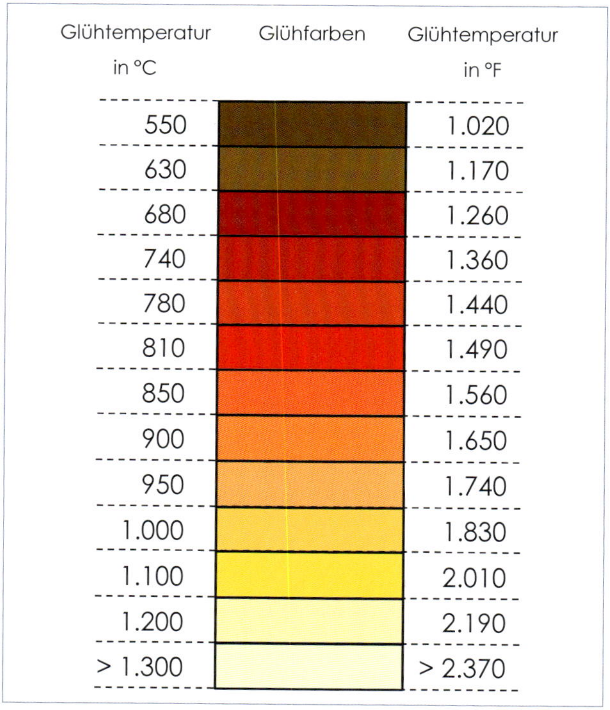

| Glühtemperatur in °C | Glühfarben | Glühtemperatur in °F |
|---|---|---|
| 550 | | 1.020 |
| 630 | | 1.170 |
| 680 | | 1.260 |
| 740 | | 1.360 |
| 780 | | 1.440 |
| 810 | | 1.490 |
| 850 | | 1.560 |
| 900 | | 1.650 |
| 950 | | 1.740 |
| 1.000 | | 1.830 |
| 1.100 | | 2.010 |
| 1.200 | | 2.190 |
| > 1.300 | | > 2.370 |

**Abb. 18:** Glühfarben von Stahl

Bei einer Temperatur von ca. 500 bis 520 °C beginnen wir mit unseren Augen die emittierte Strahlung eines *(idealen)* Körpers zu sehen.

Um die Temperaturen eines Körpers unterhalb von 500 °C zu »sehen«, brauchen wir ein Gerät, dessen Empfindlichkeitsschwelle hierfür wesentlich niedriger ist als die des menschlichen Auges.

Diese Aufgabe übernimmt die thermische Kamera für uns. So genannt, weil sie es uns ermöglicht, die Körper über die Energie oder die Strahlungsleistung zu sehen, die sie aufgrund ihrer Temperaturen abstrahlen.

Auf diese Art und Weise wird die für die emittierte Strahlung auch gebräuchliche Bezeichnung »thermische Strahlung« gerechtfertigt, da sie eine Funktion der Temperatur des Körpers ist.

*(Die klassische Video- oder Digitalkamera (ohne Infrarot-Filter) funktioniert von ca. 0,4 bis 1,1 µm Wellenlänge. Sie kann die emittierte Strahlung eines idealen Körpers mit einer Temperatur von knapp über 300 °C sehen. Es gibt also auch gewisse Überschneidungen der spektralen Empfindlichkeit).*

Um Körper bei »gewöhnlicher« Temperatur, also ungefähr 0 °C zu sehen, müssen wir uns Geräte vorstellen, die mit Detektoren ausgestattet wurden, die ein Signal bei Wellenlängen im durchschnittlichen Infrarot (also über 3 µm hinaus) abgeben. Sie werden als Thermografiegeräte, Infrarote-, Infrarot-empfindliche oder thermische Kameras bezeichnet. Diese Geräte wurden alle dafür konzipiert, Gegenstände bei »gewöhnlicher« Temperatur zu »sehen« und von diesen die Temperaturen zu messen.

Man kann also sagen, dass die Grenze zwischen »kalt« und »warm« auch durch die Technologie des »Empfängers« definiert wird.

Es gibt Thermografiegeräte, die im Spektrum des nahen Infrarot (von 0,8 bis ungefähr 2 µm), im sichtbaren Spektrum (von 0,4 bis 0,8 µm) oder im ultravioletten Spektrum (unterhalb 0,4 µm) funktionieren können. Diese Geräte wurden dafür entworfen, höhere Temperaturen zu messen. Deshalb ist die Thermografie nicht nur oder ausschließlich »infrarot«, und es empfiehlt sich gerade in diesen Fällen über Thermografie und nicht über Infrarot zu sprechen.

### Farben – Absorption verschiedener spektraler Bande

Was bestimmt die Farbe eines (»kalten«) Körpers?

Zunächst hat ein Körper, den wir anschauen, für unsere Augen nur dann eine Farbe, wenn er durch eine »sichtbare« Strahlung beleuchtet wird.

Die von diesem Körper reflektierte Strahlung ist die, die nicht durch den Körper absorbiert wird. Wenn der Körper grün erscheint, ist es deshalb, weil er die Wellenlänge reflektiert, die dem Grünen entspricht. Stark vereinfacht heißt das für uns: Alles was nicht grün ist »geht rein« (wird absorbiert), nur grün »bleibt draußen« (wird reflektiert). Es ist notwendig, dass eben diese »grüne« Wellenlänge in der Beleuchtung vorhanden ist, sonst würde – wegen des Fehlens der reflektierten Strahlung – dieser Körper schwarz erscheinen.

Schwarz ist also keine Farbe, sondern einfach das Fehlen einer sichtbaren (reflektierten) Strahlung.

Unsere Augen sehen reflektierte Strahlung, die im sichtbaren Spektrum liegt. *(Damit wir uns nur durch die Strahlung, die wir selbst hervorbringen, mit unseren Augen sehen könnten, wäre es notwendig, dass wir selbst eine Temperatur von mehr als 500 °C hätten).*

Hier ist der grundlegende Unterschied zwischen der Video- oder Digitalkamera und den »infraroten«, thermischen Kameras. Bei der Videokamera ist es hauptsächlich die reflektierte Strahlung, die aufgenommen wird. Für die Infrarot-empfindlichen, thermischen Kameras ist es hauptsächlich die emittierte Strahlung. In der Tat überlagern sich die zwei Phänomene zum Teil. Auch im Infrarot gibt es durchaus reflektierte Strahlungen. Es ist zweckmäßig und notwendig, sie »auszublenden«, indem diese Quellen »ausgeschaltet«, wir sagen auch »gelöscht« werden. Jedenfalls, wenn man mit einer thermischen Kamera arbeitet. Währenddessen bewirkt das »Ausblenden der Strahlungsquellen«, dass es die Video- oder Digitalkamera sozusagen »blind« macht, weil genau diese Anteile der Strahlung im für uns sichtbaren Bereich liegen.

Darin genau besteht das Beherrschen einer Beobachtungs- und Messsituation mittels thermischer Kameras. Ziel ist, dass aus dem erhaltenen Bild ein thermisches Bild wird. Ein Bild, das im direkten Verhältnis mit der Temperaturverteilung der beobachteten Szene zu tun hat. Auch wenn es selbst noch kein Thermogramm ist: ein thermisches Bild mit einem Maßstab der Temperaturen.

## Die übertragene Strahlung

Der Zweck der Verglasung von Fenstern – Sonnenstrahlen von der Außenseite zu übertragen, um den Raum zu erhellen, ist klar. Ebenso übertragen sich die sichtbaren Strahlen durch die Atmosphäre, die uns umgibt. Diese Körper (ob Glasscheiben oder Atmosphäre) sind »halbdurchsichtig«. Sie besitzen eine Fähigkeit oder Eigenschaft: Strahlen zu einem bestimmten Anteil hindurchgehen zu lassen.

Sie haben einen Transmissionsfaktor (Transmissionsgrad). Der Transmissionsfaktor bewirkt effektiv eine »Dämpfung«. Es gibt also transparente, halbdurchsichtige und undurchsichtige (opake) Materialien. Das Verhalten der Materialien bei der Übertragung hängt von der Wellenlänge der zu übertragenden Strahlung und von der Stärke des Materials ab.

Bei Messungen aus kurzen Abständen spielt die Atmosphäre, die sich zwischen dem Gegenstand und der thermischen Kamera befindet, eine untergeordnete Rolle. Die Atmosphäre ist transparent. *(Bestimmte Verfahren in der ZfP können jedoch Filter verlangen, die erlauben, die Struktur in einem Spektralband zu beleuchten - um sie in einem anderen Spektralband beobachten zu können. Diese Filter sind, je nach Spektralband, transparent oder undurchsichtig -opak).* In der ZfP begegnen uns jedoch nur wenige halbdurchsichtige Gegenstände. Aber wir können ausnahmsweise mit halbdurchsichtigen Materialien zu tun haben, wenn die Stärke schwach, also die »Wanddicke« dünn ist (z. B. Folien).

## Die absorbierte Strahlung

Wenn man sich die Hände an einem Holzfeuer wärmt, werden die durch Flammen emittierten Strahlen von der Haut absorbiert und wärmen sie so auf. Körper haben also eine bestimmte Fähigkeit, Strahlung zu absorbieren.

Sie haben einen Absorptionsfaktor (Absorptionsgrad).

Diese Eigenschaft ist dieselbe, wie die Fähigkeit des Körpers, Strahlung auszusenden- sie zu emittieren. *(s. auch Kirchhoff'sches Gesetz)*

*(Bei der Erwärmung von Körpern mittels Strahlen kann es notwendig sein, den Absorptionsfaktor der Materialien mit in Betracht zu ziehen, um die Heizleistung für die thermische Szene zu optimieren).*

## Die reflektierte Strahlung

Zur Veranschaulichung betrachten wir einen Körper im sichtbaren Spektrum. Als »warme Quellen« nehmen wir die Sonne oder Glühlampen wahr *(wir schließen die selektiven Quellen aus, die nicht durch Erhitzung funktionieren - wie z. B. die Leuchtstoffröhren und LED Leuchten).* Sie bringen sichtbare Strahlung hervor. Schalten wir sie aus - sehen wir nichts mehr. Aber es gibt trotzdem immer eine Strahlungsemission durch die Gesamtheit aller Körper, die uns umgeben. Nur - unser Auge kann sie nicht sehen.

So sehen wir also im täglichen Leben alle Körper durch eben die Strahlungen, die in Richtung unserer Augen reflektiert werden, Strahlungen aus Beleuchtungsquellen mit hohen Temperaturen. Reale Körper besitzen also die Fähigkeit, diese Strahlen zu reflektieren.

Sie haben einen Reflexionsfaktor (Reflexionsgrad).

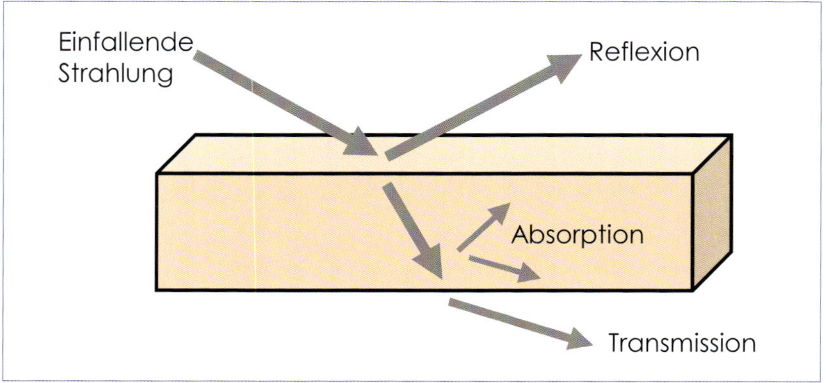


**Abb. 19:** Strahlungsverhalten

# 5 Der Fotoelektrische Effekt – Besondere Effekte bei der Beobachtung von Metall

*(Für Spezialisten)*

Betrachten wir Licht unter klassischen Gesichtspunkten, also als transversale, elektromagnetische Welle mit der Wellenlänge »$\lambda$«, die sich mit Lichtgeschwindigkeit »*c*« ausbreitet, können wir folgende Aussagen machen:

- Die Energie einer elektromagnetischen Welle wird auf eine große Anzahl von Elektronen *(Photonen)* aufgeteilt.
- Die freien Elektronen in Metall werden durch das elektrische Feld einer Lichtwelle beschleunigt und dadurch zum »Mitschwingen« angeregt. Dabei nehmen sie so lange Energie auf, bis sie die das Austreten aus dem Metall verhindernden Kräfte überwinden können. Dadurch nehmen sowohl die Anzahl der austretenden Elektronen als auch die noch vorhandene kinetische Energie, mit wachsender Lichtintensität zu.
- Bei geringer Lichtintensität setzt die Emission der Fotoelektronen umso später ein, je geringer die Intensität ist (da eine gewisse Zeit benötigt wird, bis ein Elektron genügend Energie von der Strahlung aufgenommen hat).

Die experimentellen Fakten stehen aber in Widerspruch zu den Aussagen, die wir gerade unter den »klassischen« Gesichtspunkten getroffen haben:

- Es existiert eine Grenzfrequenz »$v_0$«, unterhalb derer keine Elektronen emittiert werden, unabhängig von der Intensität des eingestrahlten Lichts.
- Eine Erhöhung der Intensität des eingestrahlten Lichts produziert zwar mehr, aber nicht schnellere Fotoelektronen. Die kinetische Energie dieser Elektronen ist proportional zu ihrer Frequenz »$v$« abzüglich der Grenzfrequenz »$v_0$«, unabhängig von der Intensität des eingestrahlten Lichts.
- Es handelt sich um einen spontanen Effekt ohne Zeitverzögerung, wieder unabhängig von der Intensität des eingestrahlten Lichts.

Offenbar ist der Fotoelektrische Effekt unter den klassischen Gesichtspunkten also zunächst nicht erklärbar.

Die Erklärung dieses Problems gab Albert Einstein 1905 mit seiner Formel der Energiebilanz des Fotoelektrischen Effekts »$E_{kin}=hv-W_A$« auf Grundlage der folgenden Annahmen: Licht besteht aus einem Strom von einzelnen Photonen mit der Energie »$E=hv$«. Trifft ein Photon auf Metall, kann diese Energie von genau einem Elektron ohne Zeitverzögerung absorbiert werden, da die Wahrscheinlichkeit der Absorption von zwei Photonen durch ein Elektron sehr gering ist. Das Elektron wird emittiert, wenn die absorbierte Energie die Austrittsarbeit »*WA*« übersteigt. Den Differenzbetrag behält das Elektron als kinetische Energie »$E_{kin}$« in Abhängigkeit von der Lichtfrequenz.

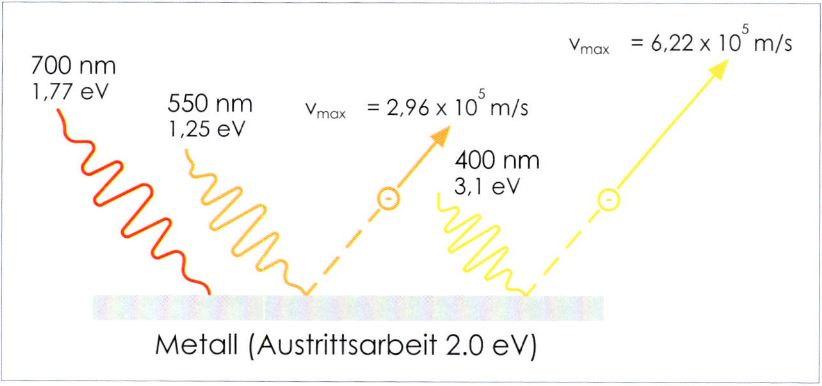


**Abb. 20:** Grafik »Fotoelektrischer Effekt«

Nehmen wir an, Metall wird wie in der Abbildung mit monochromatischem Licht bestrahlt, dann sind die einzelnen Interaktionen aufgrund der gleichen Energie der Photonen ebenso vollkommen gleichartig und alle Photoelektronen haben dieselbe kinetische Energie. Erhöhen wir nun die Intensität des Lichts, kommt dies einer »Vermehrung« der einfallenden Photonen gleich und es werden mehr Photoelektronen emittiert. Erhöhen wir die Frequenz bei gleichbleibender Intensität, beobachten wir einen Anstieg der Geschwindigkeit und somit der kinetischen Energie der Photoelektronen. Senken wir die Frequenz unter die Grenzfrequenz »$v_0$« (bei beliebiger Intensität), kann das Elektron die Austrittsarbeit nicht mehr aufbringen. Die Austrittsarbeit »$W_A$« entspricht somit der Photonenenergie bei der Grenzfrequenz »$v_0$« und hängt vom jeweiligen Metall ab $(hv_0 = W_A)$.

Die Elektronenenergie misst man, indem man sie gegen ein »bremsendes« elektrisches Feld anlaufen lässt. Ist die an einen Kugelkondensator angelegte

Spannung »*U*« größer als die Energie der Elektronen geteilt durch die Elementarladung

$$U > \frac{Ekin[eV]}{e}$$

können keine Elektronen auf die äußere Kugel gelangen und es fließt kein Strom mehr. Man erhält

$$eU = hv - W_A$$

*(Für diese elegante Erklärung des Fotoelektrischen Effekts erhielt Albert Einstein im Jahr 1921 den Nobelpreis).*

## Wechselwirkung von elektromagnetischer Strahlung mit Materie

### Oder: Warum Metall zum IR-Spiegel wird! (Äußerer Fotoelektrischer Effekt)

Nach heutiger Kenntnis wird beim »Fotoeffekt« ein Photon durch die Elektronenhülle eines Atoms vollständig absorbiert. Die Energie des Photons geht auf eines der Elektronen über, das dadurch in einen angeregten Zustand versetzt wird oder das Atom vollständig verlässt. Die Bindungsenergie »*B*« des Elektrons ist abhängig von der Kernladungszahl »*Z*« des Atoms und von der Schale, in der es sich befindet. Ist die Energie des Photons größer als die Bindungsenergie »*B*« des Elektrons, so wird letzteres mit der kinetischen Energie

$$E_{kin} = hv - B$$

emittiert (Abb. 20). In diesem Fall spricht man vom äußeren Fotoelektrischen Effekt. In der Praxis entspricht dieser Effekt dem metallischen »Spiegel«, den wir bei bestimmten Infrarot-Messungen anwenden.

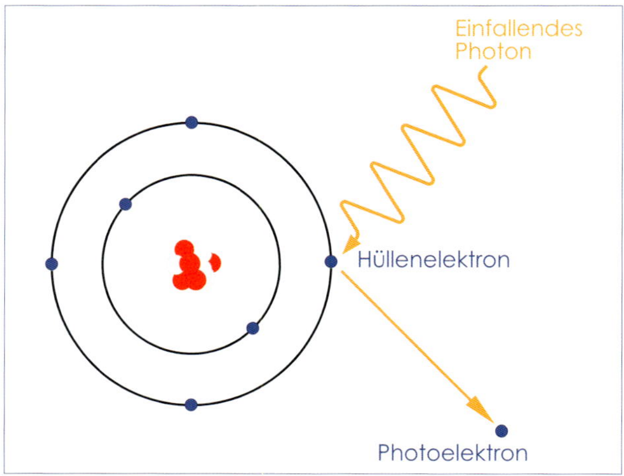


**Abb. 21:** äußerer Fotoelektrischer Effekt

Unterhalb der Grenzfrequenz »$v_0$« ist die Energie des Photons kleiner als die Bindungsenergie »*B*« des Elektrons, kann aber ausreichen, um das Elektron in einen angeregten Zustand zu versetzen. Befindet sich der angeregte Zustand in einem Leitungsband, entsteht Strom. In diesem Fall spricht man vom inneren Fotoelektrischen Effekt. Praktische Anwendungen des inneren Fotoelektrischen Effekts sind z. B. Solarzellen.

## Die Strahlungsbilanz

Zur Vereinfachung der Situation und zum besseren Verständnis stellen wir uns einen Körper im Vakuum vor, um andere Energie-Transfermethoden wie Konduktion (Leitung) und Konvektion auszuschließen.

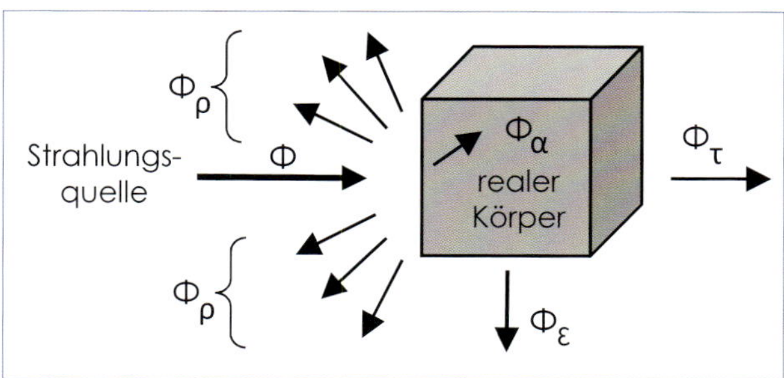


**Abb. 22:** die Strahlungsbilanz

Dieser Körper erhält von einem anderen Körper eine Strahlung $\Phi$ (Phi).

$\Phi$ ist die einfallende Strahlung. Ein Teil ($\Phi\rho$) der Strahlung ($\Phi$) wird vom Körper reflektiert. Dabei werden die Reflexionsrichtungen zu diesem Zeitpunkt noch nicht in Betracht gezogen. Ein anderer Teil ($\Phi\alpha$) wird von diesem Körper absorbiert. Ein letzter Teil ($\Phi\tau$) wird übertragen.

Als praktisches Beispiel ist ein Sieb, durch das wir Sand fließen lassen, am besten geeignet, um die Verteilung der verschiedenen Strahlungsanteile gut zu verstehen. Der Sand, der auf das Sieb auftrifft, entspricht der gesamten einfallenden Strahlung. Er prallt zum Teil in Richtung der Außenseite des Siebes ab, was der reflektierten Strahlung entspricht. Zum Teil wird er im Sieb aufgefangen, was der absorbierten Strahlung entspricht. Zum Teil wird er durch die Maschen des Siebes fließen, also übertragen, was der übertragenen Strahlung, also der Transmission entspricht. Die Gesamtmenge des Sandes bleibt trotz der Aufteilung in verschieden große Teile immer gleich. Übertragen auf die Strahlungsbilanz heißt das: Die Menge der emittierten Strahlung bleibt immer gleich 1, auch wenn sie sich in verschiedene Strahlungsanteile aufteilt.

Die Bilanz der Strahlungen lautet:

$$\Phi = \Phi\rho + \Phi\alpha + \Phi\tau \quad \text{oder} \quad 1 = \Phi\rho/\Phi + \Phi\alpha/\Phi + \Phi\tau/\Phi$$

$\Phi\rho\ /\ \Phi$ ist der Reflexionsgrad ($\rho$)
$\Phi\alpha\ /\ \Phi$ ist der Absorptionsgrad ($\alpha$)
$\Phi\tau\ /\ \Phi$ ist der Transmissionsgrad ($\tau$)

Die Gleichung, die sich aus der Strahlungsbilanz ergibt, lautet:

$$1 = \rho + \alpha + \tau$$

Wenn der Körper die Strahlung $\Phi\alpha$ absorbiert, erwärmt er sich bis zu einem gewissen Temperaturgleichgewicht und emittiert gemäß seiner eigenen Temperatur eine Strahlung. Er generiert schließlich genau die gleiche Strahlungsleistung ($\Phi\varepsilon$) wie die, die er absorbiert ($\Phi\alpha$).

So gilt $\Phi\alpha = \Phi\varepsilon$ oder $\alpha = \varepsilon$ wobei $\varepsilon$ (Epsilon) der Emissionsgrad /oder die Emissivität ist.

Also lautet der allgemeine Fall:

$$1 = \rho + \varepsilon + \tau$$

*(Diese Gleichung ist für eine bestimmte Wellenlänge gültig. Sie kann sich auf ein bestimmtes Spektralband ausdehnen, wenn sich diese Werte in der Funktion der Wellenlänge im Spektralband nicht ändern).*

Wir können diese bereits sehr einfache Gleichung noch weiter vereinfachen. In der Thermografie, die auf ZfP angewandt wird, interessiert man sich hauptsächlich für Wellenlängen undurchsichtiger (opaker) Körper, die durch die thermische Kamera beobachtet werden. Dass der beobachtete Körper undurchsichtig ist, ist eine der Bedingungen der Gültigkeit der Gleichung für die Übertragung in Temperatur.

Die undurchsichtigen Körper, die keine Strahlung übermitteln, haben einen Transmissionsgrad von Null:

$$\tau = 0$$

Das ist z. B. der Fall bei Strukturen aus Metall, Kohlenstoff, usw. ...

Daher gilt: $1 = \varepsilon + \rho$

Sehen wir den besonderen Fall eines Körpers, der integral alle Strahlungen absorbiert, die ihn erreichen (die einfallenden Strahlungen) und davon keine reflektiert. Das bedeutet, sein Reflexionsgrad ist gleich null, also $\rho = 0$. Obwohl er »beleuchtet« wird, erscheint dieser Körper immer schwarz. Er erhält daher den Namen »schwarzer Körper«. *(Der schwarze Körper ist der theoretische Referenzkörper, der ideale Körper, der genau dem entspricht, was das Gesetz von Planck vorsieht).*

Daher gilt für den schwarzen Körper: $\varepsilon = 1$

Wir können den schwarzen Körper mit unseren Augen nicht sehen, wenn seine Temperatur niedriger als 500 °C ist, da er dann nicht genug Strahlung im sichtbaren Spektrum hervorbringt. *(Natürlich nimmt auch der schwarze Körper über 500 °C hinaus rot als Farbe an).* In der Praxis erkennen wir aber den schwarzen Körper durch seine Ränder, also durch die Grenzen mit den nicht schwarzen Körpern.

Der ideale Spiegel ist ebenfalls ein besonderer Fall.

Er reflektiert integral alle einfallenden Strahlungen.

Daher: $\alpha = \varepsilon = 0$

Also gilt: $\rho = 1$

Wir sehen einen idealen Spiegel mit unseren Augen nicht, da die gesamte reflektierte Strahlung von den Körpern aus der Umgebung des Spiegels stammt, die also von ihm wiedergespiegelt werden. Der Spiegel unterscheidet sich nur durch seine Ränder, die ja selbst nicht mehr Spiegel sind, und seine geometrischen Grenzen von der Umgebung. Ein Körper kann also nicht gleichzeitig schwarzer Körper und Spiegel sein. Daraus folgt: Wenn ein Körper eine hohe Emissivität besitzt, dann hat er einen niedrigen Reflexionsgrad - und umgekehrt.

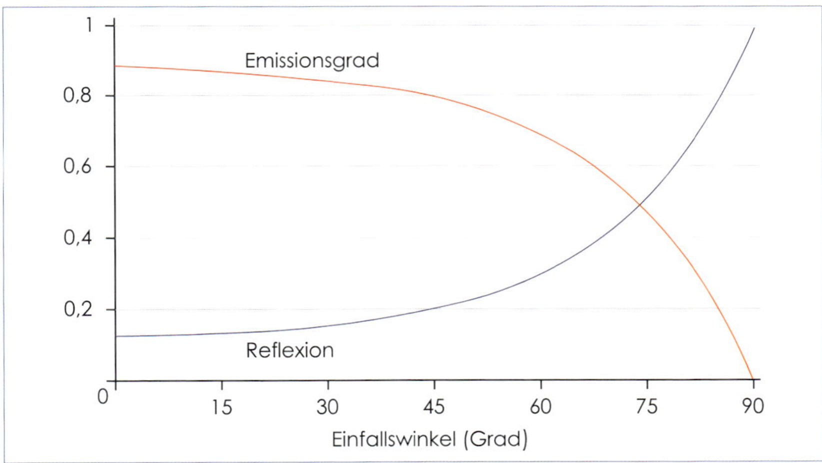


**Abb. 23:** Einfallswinkel

Zwischen dem schwarzen Körper und dem Spiegel gibt es alle möglichen undurchsichtigen Körper mit $\varepsilon + \rho = 1$. Einige Körper lassen die Strahlen zumindest zum größten Teil, teilweise auch vollständig durch. Dies ist der Fall bei bestimmten Gasen (z. B. der Atmosphäre) und einigen Infrarot-Sichtfenstern. Wir interessieren uns natürlich auch für diese halbdurchlässigen Körper. Nicht unbedingt, um deren Temperatur zu messen, aber um die undurchsichtigen Körper zu beobachten, die »dahinter« liegen. Diese halbdurchlässigen Körper stellen für Strahlen oder Strahlung Transmissionsmedien dar.

Für Gas ist der Reflexionsgrad gleich null.

Daher: $\varepsilon + \tau = 1$

Für das perfekte Vakuum bleibt er $\tau = 1$

Das Vakuum ist der einzige vollkommen übertragende »Körper«. Wir können diese »Leere« oder diese »Normalatmosphäre« nicht sehen. Die »Anwesenheit« oder Existenz wird nur durch die Umrisse und Grenzen mit Körpern, die nicht transparent sind, vermutet oder angenommen. Die Absorptions-, Reflexions- und Transmissionsgrade sowie die Emissivität sind Strahlungseigenschaften der Materie.

## Die Emissivität

### Der Schwarze Körper als Strahlungsreferenz

Ein schwarzer Körper ist also ein hypothetischer, idealisierter Körper, der jegliche auf ihn treffende elektromagnetische Strahlung bei jeder Frequenz vollständig absorbiert. Nach dem Kirchhoff'schen Strahlungsgesetz sind Absorptions- und Emissionsvermögen eines Körpers stets proportional. Da der schwarze Körper bei jeder Frequenz das größtmögliche Absorptionsvermögen besitzt, muss er also auch bei jeder Frequenz die stärkste physikalisch mögliche thermische Strahlungsleistung abgeben, die bei der gegebenen Temperatur möglich ist. Mit anderen Worten: Steht der »schwarze Körper« neben einem gleich warmen anderen »normalen«, realen Körper, so gibt der schwarze Körper seine Energie schneller ab und »leuchtet« demnach auch heller.

Da der schwarze Körper in jede Richtung gleich maximal strahlt, ist die von ihm abgegebene Strahlung in alle Richtungen gleich stark. Außerdem hängen Intensität und Frequenzverteilung der von einem schwarzen Körper abgegebenen Strahlung nicht von seiner materiellen Beschaffenheit, sondern nur von seiner Temperatur ab. *(Sie werden durch das Plancksche Strahlungsgesetz beschrieben).*

Der universelle Charakter der von einem schwarzen Körper abgegebenen thermischen Strahlung und der Umstand, dass bei einer beliebigen Frequenz kein realer Körper stärker abstrahlen kann als ein schwarzer Körper, legen es nahe, das Emissionsvermögen eines realen Körpers auf den vom schwarzen Körper vorgegebenen maximal möglichen Wert zu beziehen. Das Verhältnis der von einem realen Körper abgegebenen Strahlungsintensität zur Strahlungsintensität eines schwarzen Körpers derselben Temperatur nennt man den Emissionsgrad des Körpers. Der Emissionsgrad kann Werte zwischen 0 und 1 annehmen.

Aber, der schwarze Körper ist der ideale Körper. Er bringt ein Maximum thermischer Strahlungsleistung bei einer bestimmten Temperatur hervor. Sein

Verhalten wird durch das Gesetz und die Kurven von Planck beschrieben. Reale Körper können immer nur weniger als der schwarze Körper abstrahlen, ungeachtet von der Temperatur oder der Wellenlänge. Der Emissionsgrad eines realen Körpers ist also immer <1. Aber wie viel weniger? Es muss quantifizierbar sein. Dieser Wert entspricht der Differenz des tatsälich gemessenen emittierten Strahlungswertes des realen Körpers und dem, den er hervorbringen müsste, wenn er ein schwarzer Körper bei derselben Temperatur wäre. So kommen wir auf die Berechnung der Kalibrierkurve zurück.

Stellen wir uns jeweils einen schwarzen Körper und einen undurchsichtigen, realen Körper Seite an Seite vor. Beide bei derselben Temperatur $T_0$. Stellen wir uns ebenfalls vor, dass keine Strahlung vom realen Körper reflektiert wird.

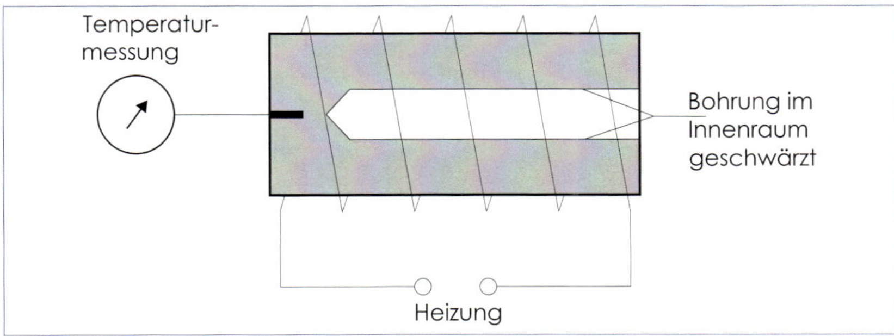


**Abb. 24:** Beispiel der Realisierung eines schwarzen Strahlers

**Abb. 25:** der schwarze Körper nach Lummer und Kurlbaum von 1898, der aus nur 0,01 mm dicken Platinblech besteht, dass zu einem Zylinder mit 40 Zentimetern Länge und vier Zentimetern Durchmesser gebogen ist. (Bild: Müller-Pouillets Lehrbuch der Physik, Braunschweig 1909).

Der schwarze Körper emittiert eine Strahlung. Die thermische Kamera misst einen Strahlungsfluss L°. Es ist das Maximum, das die thermische Kamera für einen Körper bei dieser Temperatur messen kann. Die Fähigkeit des schwarzen Körpers, Strahlung hervorzubringen, ist ebenso maximal.

Der Emissionsgrad des schwarzen Körpers entspricht 1

Der reale Körper mit der gleichen Temperatur $T_0$, bringt eine Strahlung hervor, die niedriger ist als die des schwarzen Körpers. Die thermische Kamera misst einen Strahlungsfluss L‘ der vom Körper emittiert wird. *(Wir nehmen an, dass es keine reflektierte Strahlung auf diesem Körper gibt).*

Der Emissionsgrad des realen Körpers entspricht dem Verhältnis $\varepsilon = L' / L°$

Wenn der Körper nicht dazu geeignet ist, Strahlung zu emittieren, dann misst die thermische Kamera $L' = 0$ und damit $\varepsilon = 0$.

Der Emissionsgrad liegt immer zwischen 0 und 1

$(0 \leq \varepsilon \leq 1)$

In einem bestimmten Spektralband *(also für eine thermische Kamera bestimmter spektraler Empfindlichkeit)* variiert die Emissivität des realen Körpers mitunter nicht viel zu der Wellenlänge. Hier sprechen wir dann von »grauen Körpern«. Eine zweite Bedingung der Gültigkeit dieser Gleichung zur Übertragung in Temperatur ist, dass der undurchsichtige Körper »grau« sein muss.

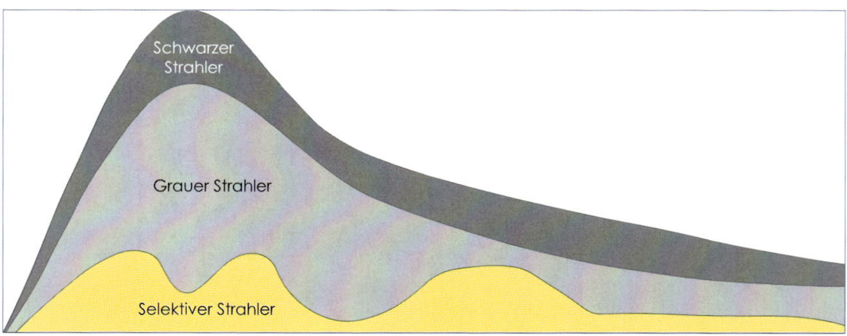


**Abb. 26:** die Strahler

Der Emissionsgrad eines Körpers ist eine wichtige Einflussgröße. Sie beeinflusst das Ergebnis der Temperaturmessung. Bei der Berechnung der Temperatur eines Körpers mit der thermischen Kamera wird dies mithilfe der Kalibrierkurven im internen Rechner automatisch berücksichtigt. Es ist die erste Einflussgröße, die in der Thermografie zu berücksichtigen und an der thermischen Kamera einzustellen ist.

### Der theoretische und der reale schwarze Körper

Wir stellen uns vor, dass wir uns innerhalb eines Hohlraums platzieren und irgendein Oberflächenelement beobachten. Dieses Oberflächenelement nennen wir $dS_1$. Die Strahlung, die uns erreicht, wird durch dS sowohl emittiert als auch reflektiert. Diese reflektierte Strahlung stammt aus der Summe der anderen Elemente der Oberfläche dS des Hohlraums. Ungeachtet des beobachteten Elements $dS_1$ ist die Strahlung, die uns erreicht, identisch. Wir sehen eine gleichmäßige Strahlung und können kein Oberflächenelement von einem anderen Oberflächenelement unterscheiden. Das Bild auf der »Netzhaut« ist gleichmäßig. Die im Hohlraum interne Strahlung ist isotrop, das heißt identisch in allen Richtungen. Diese Strahlung ist die des schwarzen Körpers bei der isothermen Temperatur des Hohlraums. Man spricht von »schwarzer Strahlung«, um »Strahlung des schwarzen Körpers« zu beschreiben. Im Hohlraum herrscht ein isotropes Strahlungsfeld, das durch die alleinige Temperatur des Hohlraums definiert wird. Man spricht auch über »Strahlungstemperatur« oder über »Temperatur der Strahldichte«. Die Beziehung zwischen der Strahlung und der Temperatur ist einmalig. Sie wird durch das Gesetz von Planck beschrieben. Diejenigen Prüfer, die bereits das Innere eines Hütten- oder Glasofens beobachtet haben, kennen dieses Phänomen. Es ist schwierig, Details der Objekte im gleichmäßig geheizten Ofen zu unterscheiden, da die Strahlung fast gleich ist.

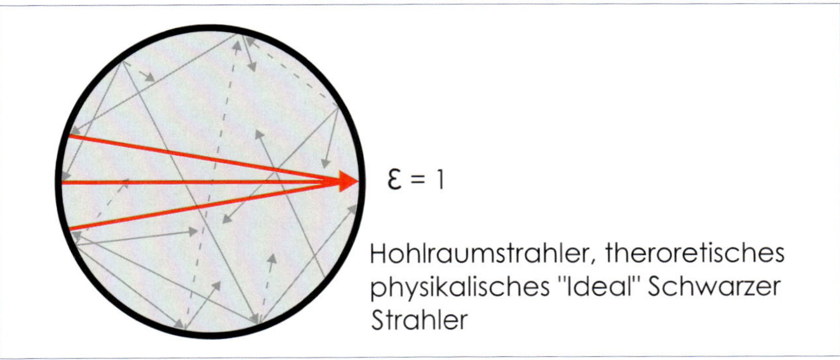


**Abb. 27:** Hohlraumstrahler $\varepsilon = 1$

Anstatt uns in den Hohlraum zu versetzen, schneiden wir nun ein kleines Loch (mit der Oberfläche $dS_1$) in die Wand. Wir beobachten die Strahlung, die auf diese Oberfläche $dS_1$, wie auch auf jedes weitere Element der inneren Oberfläche des Hohlraums, trifft. Aber wir haben nun eine grundlegend andere Situation geschaffen. Es gibt keine reflektierte Strahlung mehr auf dieser Fläche $dS_1$, da sie ja durch das Ausschneiden »abgeschafft« wurde. Das innere Strahlungsgleichgewicht des schwarzen Körpers ist zwar leicht gestört, aber das ist ohne große Bedeutung - solange $dS_1$ gegenüber den Dimensionen des Hohlraums sehr klein bleibt. So können wir die schwarze Strahlung erfassen, die innerhalb des Hohlraums herrscht, da sie überall identisch ist. Das ist der grundsätzliche Aufbau der »schwarzen Körper«, die als Temperatur- und Strahlungsreferenz für die Kalibrierung der Radiothermometer und der thermischen Kameras dienen. Wir nennen sie auch »Prüfstrahler«.

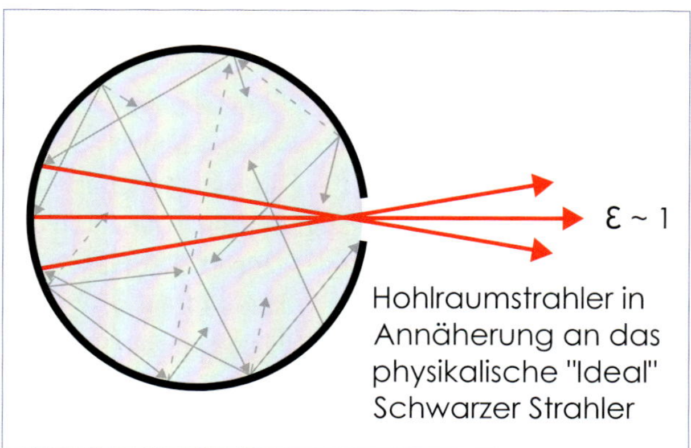


**Abb. 28:** Hohlraumstrahler $\varepsilon \approx 1$

Je größer das in den Hohlraum eingeschnittene Loch gegenüber den Dimensionen dieses Hohlraums ist, desto mehr geht die Emissivität dieses Loches zurück. Außerdem hängt dessen Emissivität dann immer stärker von der Emissivität des Hohlraummaterials und der Reflexionsart des inneren Materials ab (von gerichtet bis diffus). Es ist also vorzuziehen, im Inneren ein Material mit starker Emissivität und diffuser Reflexionsart zu benutzen.

Die auf dem Markt verfügbaren »schwarzen Körper«, »schwarzen Strahler« oder »Prüfstrahler« sind von der Bauform her aus diesem Aufbau abgeleitet, aber es wird natürlich versucht, die Herstellung zu vereinfachen, indem adäquate Formen strahlender Oberflächen ausgewählt und die Emissivität des strahlenden Materials auf ein Höchstmaß angehoben werden. Es gibt »schwarze Körper« mit sphärischer Form (aufwändig, aber nahe der Emissivität 1), »schwarze Körper« als doppelte Kegel, einfache Kegel, als Zylinder und als ebene, strahlende Oberflächen. Die Oberflächen werden so bearbeitet und behandelt, dass sie eine - je nach Bedarf - ausreichend hohe Emissivität erhalten. Die Emissivität einer einfachen, angestrichenen Platte kann, je nach Anstrich, Dicke und gefragter Wellenlänge, durchaus höher als 0,95 sein.

**Der schwarze Körper aus der Sicht der Kamera**

Wir haben bereits festgestellt, dass der hypothetische Beobachter, der in den isothermen Hohlraum hinein gesetzt wurde und der die Oberfläche $dS_1$ beobachtet, eine schwarze Strahlung sieht, als ob das Material eine Emissivität von 1 hätte. Diese wahrgenommene Strahlung ist also unabhängig von der Emissivität des Materials der inneren Hohlraumoberfläche. Der Begriff Emissivität des Materials ist also für ein Material ($dS_1$), ebenso wie die anderen dS des Hohlraums, unbestimmt für dieselbe Temperatur. Die anderen dS des Hohlraums (die Gesamtheit des von $dS_1$ gesehenen Halbraums), stellen die Umgebung von $dS_1$ dar. Diese Umgebung hat eine gleichmäßige Temperatur (Umgebungstemperatur) und sendet eine isotrope Strahlung auf $dS_1$ aus.

Jetzt ändern wir nur die Temperatur des Oberflächenelements $dS_1$, dessen Anfangstemperatur $T_1$ die des isothermen Hohlraums war. Die Temperatur von $dS_1$ steigt von $T_1$ auf den Wert von $T_2$ *(wir erwärmen nur $dS_1$, was das Gleichgewicht des Hohlraums nicht ändert, da er bei der Temperatur $T_1$ bleibt).* Der in den Hohlraum platzierte, hypothetische Beobachter, der $dS_1$ zusammen mit den ihn umgebenden, angrenzenden Oberflächenelementen dS beobachtet, die bei der Temperatur $T_1$ bleiben, beobachtet natürlich eine von $dS_1$ kommende, stärkere Strahlung. Die Zunahme der von $dS_1$ aus kommenden Strahlung ist - wegen der Erhöhung der Temperatur von $dS_1$ - auf die Zunahme der Strahlungsemission zurückzuführen. Diese zusätzliche Strahlung hängt jetzt von der Emissivität von $dS_1$ ab. Folglich kann der Beobachter unter den anderen angrenzenden Oberflächenelementen $dS_1$ sehen. Das Bild auf seiner »Netzhaut« ist nicht mehr gleichmäßig, selbst wenn das Strahlungsfeld, das aus der Umgebung stammt und das auf $dS_1$ trifft, (fast) dasselbe ist wie zuvor.

Diese Situation entspricht genau dem Rechenmodell der Gleichung zur Umschreibung in Temperaturwerte, die von allen thermischen Kameras benutzt wird. Die Temperatur $T_2$ ist diejenige, die man versucht zu messen, die Temperatur $T_1$ ist die reflektierte Temperatur. Diese Umgebung wird also als schwarzer Körper mit gleichmäßiger Temperatur angenommen.

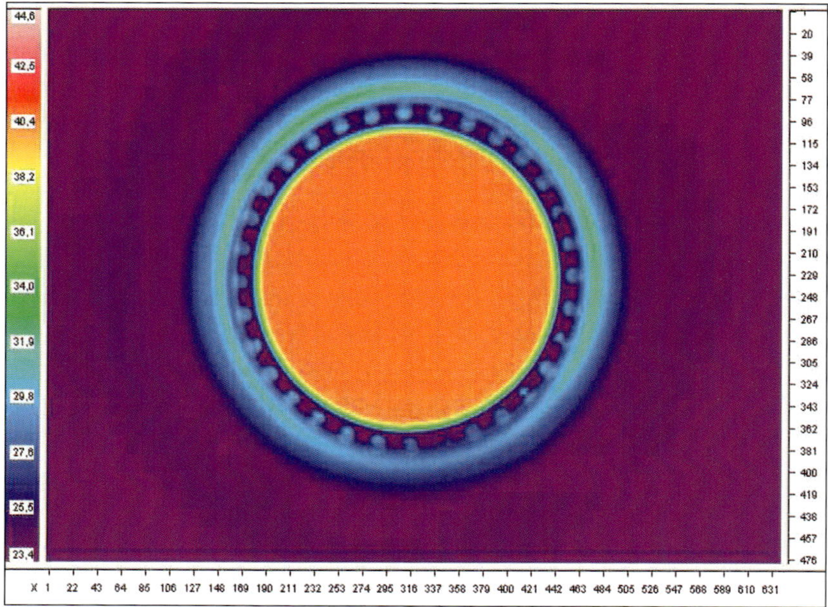


**Abb. 29:** der schwarze Körper aus Sicht der Kamera

Die Messsituation muss sich auf ein einfaches Modell, entsprechend einer Kalibriersituation, zurückbringen lassen. Um anwendbar zu sein, verlangt die Gleichung, dass bestimmte Bedingungen eingehalten werden. Dies ist die Kunst des Prüfers mit der thermischen Kamera.

Wir fassen die Messsituation in Form eines Schemas zusammen:

**Die Kamera beobachtet ein Objekt, das seine Umgebung beobachtet.**

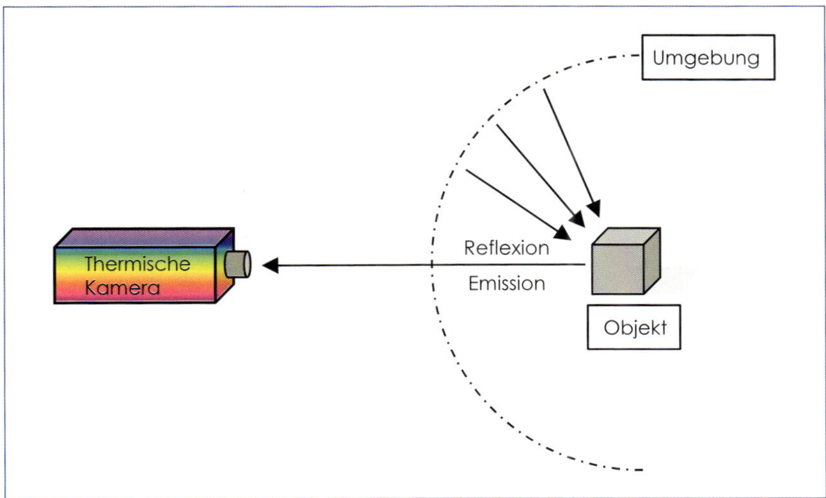


**Abb. 30:** vereinfachte Messsituation

## Die »vier« Emissionsgrade

- gerichteter spektraler Emissionsgrad
- hemisphärischer spektraler Emissionsgrad
- gerichteter Gesamt-Emissionsgrad
- hemisphärischer Gesamt-Emissionsgrad.

Je nachdem, ob die Frequenz- und Richtungsverteilung der Ausstrahlung berücksichtigt werden soll, lassen sich vier verschiedene Emissionsgrade angeben.

Der Emissionsgrad eines Körpers muss bekannt sein, damit aus der Intensität der abgegebenen Wärmestrahlung seine Temperatur mit einem Pyrometer oder einer thermischen Kamera bestimmt werden kann.

### Der gerichtete spektrale Emissionsgrad

Die spektrale Strahldichte eines Körpers mit der Temperatur »T« gibt an, welche Strahlungsleistung der Körper bei der Frequenz »$\nu$« in die durch den Polarwinkel »β« und den Azimutwinkel »ϕ« gegebene Richtung pro Flächeneinheit, pro Frequenzintervall und pro Raumwinkeleinheit aussendet. Die spektrale Strahldichte

$$L^{\circ}_{\Omega\nu}(\nu, T)$$

eines Schwarzen Körpers ist richtungsunabhängig und durch das Plancksche Strahlungsgesetz gegeben. Der gerichtete spektrale Emissionsgrad eines Körpers ist das Verhältnis der von einem Flächenelement »$dS_1$« des Körpers bei der Frequenz »$\nu$« in die durch die Winkel »β« und »ϕ« gegebene Richtung abgestrahlten spektralen Strahldichte zu der von einem Schwarzen Körper derselben Temperatur, bei derselben Frequenz in dieselbe Richtung abgestrahlten spektralen Strahldichte.

$$L^{\circ}_{\Omega\nu}(\nu,T):$$

$$\varepsilon_{\nu}\,(\beta,\varphi,\nu,T) = \frac{L_{\Omega\nu}\,(\beta,\varphi,\nu,T)}{L^{\circ}_{\Omega\nu}\,(\nu,T)}$$

**Der hemisphärische spektrale Emissionsgrad**

Die spektrale spezifische Ausstrahlung eines Körpers der Temperatur »T« gibt an, welche Strahlungsleistung der Körper bei der Frequenz »$\nu$« in den gesamten Halbraum pro Flächeneinheit und pro Frequenzintervall aussendet. Der hemisphärische spektrale Emissionsgrad eines Körpers ist das Verhältnis der von einem Flächenelement »$dS_1$« des Körpers bei der Frequenz »$\nu$« in den Halbraum abgestrahlten spektralen spezifischen Ausstrahlung zu der von einem Schwarzen Körper derselben Temperatur bei derselben Frequenz in den Halbraum abgestrahlten spektralen spezifischen Ausstrahlung:

$$M_{\bar{\nu}}(\nu,T)$$

$$\varepsilon'_{\nu}(\nu,T)$$

$$= \frac{M_{\nu}(\nu,T)}{M_{\bar{\nu}}(\nu,T)}$$

$$= \frac{\int L_{\Omega\nu}(\beta,\varphi,\nu,T)\cos(\beta)d\Omega}{\int L^{\circ}_{\Omega\nu}(\nu,T)\cos(\beta)d\Omega}$$

$$= \frac{1}{\pi}\int \varepsilon'_{\nu}(\beta,\varphi,\nu,T)\cos(\beta)d\Omega$$

### Der gerichtete Gesamt-Emissionsgrad

Die Gesamtstrahldichte oder Strahldichte eines Körpers der Temperatur »T« gibt an, welche Strahlungsleistung der Körper auf allen Frequenzen in die durch den Polarwinkel »β« und den Azimutwinkel »ϕ« gegebene Richtung pro Flächeneinheit und pro Raumwinkeleinheit aussendet.

Die Strahldichte

$$L^{\circ}_{\Omega}(T)$$

eines Schwarzen Körpers ist richtungsunabhängig und durch das Plancksche Strahlungsgesetz gegeben. Der gerichtete Gesamt-Emissionsgrad eines Körpers ist das Verhältnis der von einem Flächenelement »$dS_1$« des Körpers auf allen Frequenzen in die durch die Winkel »β« und »ϕ« gegebene Richtung abgestrahlten Strahldichte

$$L_{\Omega}(\beta, \varphi, T)$$

zu der von einem Schwarzen Körper derselben Temperatur auf allen Frequenzen in dieselbe Richtung abgestrahlten Strahldichte

$$L^{\circ}_{\Omega}(T):$$

$$\varepsilon'(\beta, \varphi, T) = \frac{L_{\Omega}(\beta, \varphi, T)}{L^{\circ}_{\Omega}(T)} = \frac{\int L_{\Omega\nu}(\beta, \varphi, \nu, T)d\nu}{\int L^{\circ}_{\Omega\nu}(\nu, T)d\nu} = \frac{\pi}{\sigma T^4} \int \varepsilon'_{\nu}(\beta, \varphi, \nu, T) L^{\circ}_{\Omega\nu}(\nu, T)d\nu$$

### Der hemisphärische Gesamt-Emissionsgrad

Die spezifische Ausstrahlung eines Körpers der Temperatur »T« gibt an, welche Strahlungsleistung der Körper pro Flächeneinheit auf allen Frequenzen in den Halbraum aussendet. Die spezifische Ausstrahlung eines Schwarzen Körpers ist durch das Stefan-Boltzmann-Gesetz gegeben.

Der hemisphärische Gesamt-Emissionsgrad eines Körpers ist das Verhältnis der von einem Flächenelement »$dS_1$« des Körpers auf allen Frequenzen in den

Halbraum abgestrahlten spezifischen Ausstrahlung zu der von einem Schwarzen Körper derselben Temperatur auf allen Frequenzen in den Halbraum abgestrahlten Strahldichte.

$$M^{\circ}(T):$$

$$\varepsilon(T)$$

$$= \frac{M(T)}{M^{\circ}(T)}$$

$$= \frac{\int\int L_{\Omega\nu}(\beta,\varphi,\nu,T)\cos(\beta)d\nu\, d\Omega}{\int\int L^{\circ}_{\Omega\nu}(\nu,T)\cos(\beta)d\nu\, d\Omega}$$

$$- \frac{1}{\sigma T_4}\int \varepsilon_{\nu}(\nu,T)M^{\circ}_{\nu}(\nu,T)d\nu$$

$$- \frac{1}{\pi}\int \varepsilon'(\beta,\varphi,T)\cos(\beta)d\Omega$$

*(Alle Strahlgrößen und Emissionsgrade können natürlich auch als Funktion der Wellenlänge anstatt der Frequenz formuliert werden).*

**Die unterschiedlichen Eigenschaften der Emissionsgrade**

Alle vier beschriebenen Emissionsgrade sind Materialeigenschaften des betrachteten Körpers *(im Fall der analog definierten Absorptionsgrade gilt dies nur für den gerichteten spektralen Absorptionsgrad).*

Der gerichtete spektrale Emissionsgrad beschreibt die Richtungs- und Frequenzabhängigkeit der emittierten Strahlung durch den Vergleich mit der von einem Schwarzen Körper emittierten Strahlung. Der hemisphärische spektrale Emissionsgrad beschreibt nur die Frequenzabhängigkeit, der gerichtete Gesamtemissionsgrad nur die Richtungsabhängigkeit und der hemisphärische Gesamtemissionsgrad nur die insgesamt abgegebene Strahlungsleistung. Für viele Materialien ist nur der letztere bekannt.

Ein Körper, dessen gerichteter spektraler Emissionsgrad nicht von der Richtung abhängt, ist ein so genannter »Lambert-Strahler«, der völlig diffuse Strahlung abgibt. Ein Körper, dessen gerichteter spektraler Emissionsgrad nicht von der Frequenz abhängt, ist ein Grauer Körper. In beiden Fällen ergeben sich oft erhebliche Vereinfachungen für Strahlungsberechnungen, sodass reale Körper oft – soweit möglich – näherungsweise als diffuse Strahler und Graue Körper (oder Strahler) betrachtet werden können.

Nach dem Kirchhoff'schen Strahlungsgesetz ist für jeden Körper der gerichtete spektrale Emissionsgrad gleich dem gerichteten spektralen Absorptionsgrad. Für die anderen Emissions- und Absorptionsgrade gilt die Gleichheit nur unter zusätzlichen Voraussetzungen.

## Die scheinbare Temperatur

In der nachfolgenden Darstellung wird die vorher konstruierte Kalibrierkurve des L°(T) Radiometers übernommen. Die zweite Kurve der Darstellung beschreibt die Strahldichte, die durch den realen Körper mit einem Emissionsgrad unter 1 hervorgebracht wurde, gemäß der Temperatur dieses realen Körpers *(Achtung: Diese zweite Kurve ist keine Kalibrierkurve!)*.

Wenn bei der Beobachtung eines realen Körpers mit dem Emissionsgrad »$\varepsilon$« die thermische Kamera einen radiometrischen Wert »L'« liefert und wenn dieser mithilfe der Kalibrierkurve ($\varepsilon$ = 1) direkt in einen Temperaturwert übertragen wird, so erhalten wir eine Temperatur »T'«, die so genannte scheinbare Temperatur, die sich von der tatsächlichen Temperatur »$T_0$« unterscheidet.

Für einen Gegenstand, der wärmer ist als seine Umwelt, ist diese scheinbare Temperatur niedriger als die tatsächliche Temperatur. Hier wird folglich grundsätzlich falsch gemessen.

Wir werden sehen, dass das Vorgehen immer darin besteht, durch Kenntnis des Emissionsgrades und anderer Parameter zurück zur Kalibrierkurve zu kommen.

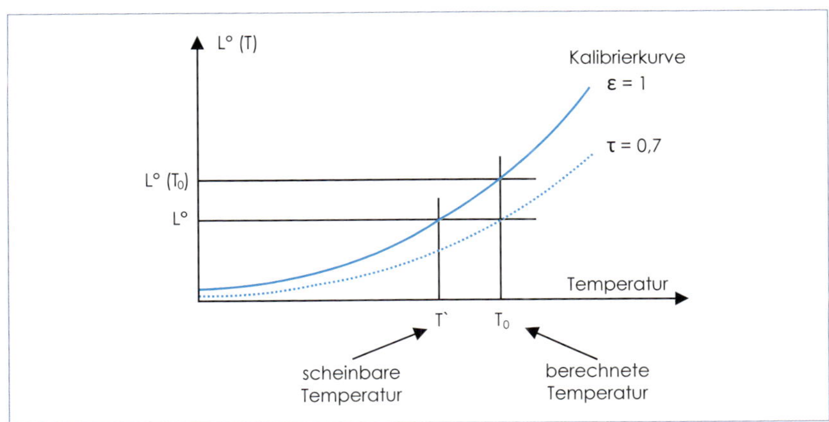


**Abb. 31:** Kalibrierkurve (Schwarzer Körper) und Kurve der durch den realen Körper emittierten Strahldichte

Somit kann das Strahlungsthermometer, bei dem die Einflussgröße »$\varepsilon$« (Emissionsgrad) berücksichtigt und vom Prüfer in den Umwandlungsrechner eingegeben wurde, Temperaturen berechnen, die nicht mehr scheinbare sondern gemessene Temperaturen sind.

Genauer gesagt sind es »gerechnete Temperaturen«.

## Das Strahlungsthermometer

Die Feststellung, dass der Emissionsgrad eines undurchsichtigen Körpers niedriger als 1 ist, heißt im Umkehrschluss, dass dieser Körper einen Reflexionsgrad größer als 0 hat. Das Eine geht nicht ohne das Andere. Es besteht also die Möglichkeit, dass Strahlen vom beobachteten realen Körper und in die Richtung der thermischen Kamera reflektiert werden. Die thermische Kamera empfängt also eine Strahlung, die aus zwei Komponenten besteht:

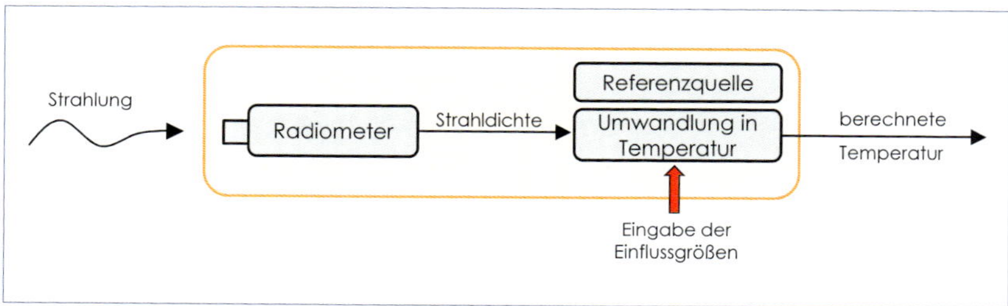


**Abb. 32:** das Strahlungsthermometer
- Strahlung, die vom Körper emittiert wird
- Strahlung, die vom Körper reflektiert wird.

Die reflektierte Strahlung stammt von anderen Körpern, die in der Umwelt (Strahlungsumgebung) des beobachteten Körpers angesiedelt sind. Sie können mehr oder weniger erhöhte Temperaturen haben.

*Nur wenn es »unendlich« kalte Körper (absoluter Nullpunkt) in der Umgebung des beobachteten Körpers gibt, findet keine Reflexion statt.*

Das »hindert« jedoch diesen Körper nicht daran, einen Reflexionsgrad zu haben. Die reflektierte Strahlung oder Reflexion ist nicht mit dem Reflexionsgrad oder der Fähigkeit zu reflektieren zu verwechseln. Ebenso gilt für die Emissivität oder die Fähigkeit zu emittieren, dass diese nicht mit der emittierten Strahlung oder Emission verwechselt werden darf. Sie hängt von der Temperatur des Körpers ab. Somit kann man sagen, dass ein Körper abstrahlend ist, wenn er eine gute Emissivität hat und dass er ein Strahler ist, wenn er

Strahlung hervorbringt. Dies ist je nach Wert seines Emissionsgrades und seiner Temperatur möglich.

Als Beispiel gilt dasselbe für eine Radioantenne: Sie kann senden, ist aber nicht notwendigerweise in Betrieb. Ebenso verlieren wir als Menschen nicht unsere Fähigkeit zu »gedanklich reflektieren«, nur weil wir zum Beispiel während des Schlafes nicht »gedanklich reflektieren«.

**Die Emissivität als Funktion des Materials und seiner Oberflächenbeschaffenheit**

Ein Beton, ein Kohlenstoff und eine Farbe haben nicht dieselbe Emissivität wie ein unbearbeitetes oder poliertes Metall. Das Gleiche gilt für das sichtbare Spektrum - als Analogie und nicht als Äquivalenz. Poliertes Metall reflektiert die Strahlungen. Im Infrarot können wir dasselbe Verhalten feststellen. Aber Schnee, als Beispiel, ist im sichtbaren Spektrum weiß, weil er fast alle sichtbaren Strahlungen reflektiert. Im Infrarot, was uns beschäftigt, verhält sich der Schnee fast wie ein schwarzer Körper.

*(Vorsicht bei Analogien (Ähnlichkeiten), die keine Äquivalenzen (Gleichwertigkeiten) sind).*

Ein elektrischer Isolator hat einen hohen Emissionsgrad, ein leitendes Material einen niedrigen. Ein oxidiertes Metall wird von einer dünnen Schicht schwach leitendem oder isolierendem Oxids bedeckt: Der Emissionsgrad ist dann - je nach Oxidationsgrad - höher. Es ist natürlich vorteilhaft, wenn die zu kontrollierenden Strukturen einen hohen Emissionsgrad besitzen, sowohl um die von diesen Strukturen emittierten Strahlungen zu erhöhen als auch um die reflektierte Strahlung zu reduzieren.

Die thermische Kamera selbst kann keinen Unterschied zwischen den Arten und Beträgen der Strahlungen, die sie empfängt, machen. Es ist durchaus sinnvoll, den Begriff der Emissivität nicht überzubewerten. Ganz besonders in der aktiven Thermografie. Aber es ist ein wichtiger Begriff, um richtige Beobachtungen zu verwirklichen und zu ermöglichen. Es ist ja auch nicht die einzige Frage die bez. Temperaturmessungen gestellt werden muss.

Für eine Vereinfachung können Messungen zur scheinbaren Temperatur gemacht werden. Nehmen wir an, dass wir es mit einem schwarzen Körper der Emissivität 1 zu tun haben. Man spricht bei schwarzen Körpern auch von äquivalenter Temperatur oder Strahlungstemperatur. Der reale Körper erscheint bei dieser Temperatur so, als ob wir ihn als schwarzen Körper betrachten würden. Natürlich ist es, auch bei dieser Arbeitsmethode mit scheinbaren Temperaturen, günstiger, wenn die reflektierten Strahlungen klein sind. Dies alles soll uns nicht daran hindern, die Messsituation gut zu verstehen und zu beherrschen, damit das von der thermischen Kamera gelieferte Bild auch ein thermisches Bild wird.

Die Phänomene müssen gut identifiziert werden, bevor eine Übertragung in Temperaturwerte stattfindet. Auch das thermische Bild muss gut verstanden werden, bevor es in ein Thermogramm übertragen wird.

### Die Emissivität als Funktion des Beobachtungswinkels

Der Beobachtungswinkel wird als »Winkelabweichung von der Flächennormalen« definiert. Er muss kleiner als ungefähr 45° bis 50° sein. Darüber hinaus variiert die Emissivität relativ schnell, bis sie sich bei Winkeln nahe den 90° auflöst.

In der Praxis müssen wir uns also bemühen, die Körper unter Winkeln nahe den »Normalen«, oben genannten, zu beobachten. An den seitlichen Flächen einer beobachteten Struktur tendiert die Emissivität also gegen 0, während Beobachtungswinkel an 90° grenzen. Das bedeutet, dass der Reflexionsgrad zu 1 tendiert und das Risiko steigt, auf den Rändern dieser Struktur eine reflektierte Strahlung zu messen. Das heißt, eine Strahlung, die von anderen, in der Strahlungsumgebung befindlichen, Gegenständen kommt. Dasselbe Phänomen kann auf der Straße bei flachem Betrachtungswinkel beobachtet werden, wenn wir entgegenkommende Fahrzeuge durch Reflexion auf der Straße sehen: Der Reflexionsgrad der Straße ist hoch, in Richtung des Beobachters.

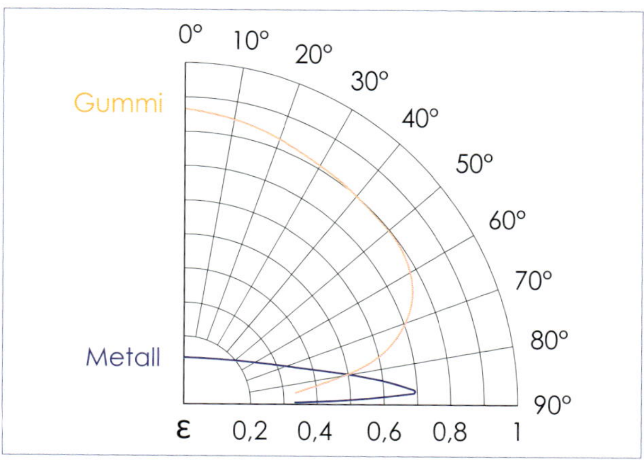


**Abb. 33:** winkelabhängiger Emissionsgrad

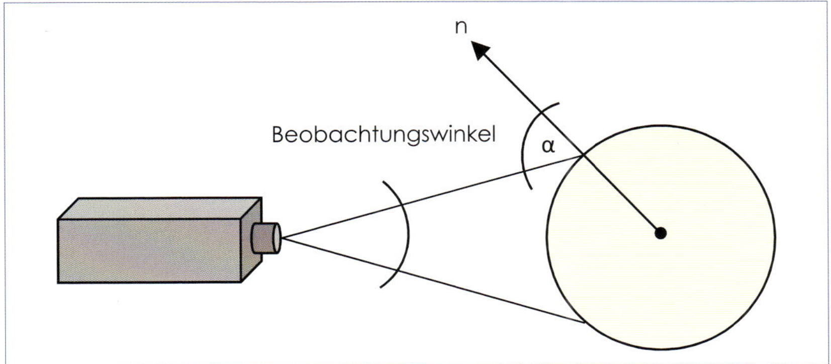


**Abb. 34:** Beobachtungswinkel

### Die Emissivität als Funktion der Wellenlänge

Es gibt schwierigere Fälle, wie z. B. Temperaturmessungen von Glas oder von Kunststoff mit geringer Stärke (oder Dicke), die halbdurchlässige Körper sind. Diese Körper sind in der Thermografie von gewöhnlichen Messungen und für nicht spezialisierte Prüfer so gut wie ausgeschlossen.

### Die Emissivität als Funktion der Temperatur

Veränderungen der Emissivität sind meistens auf die Tatsache zurückzuführen, dass die Oberflächenbeschaffenheit des Körpers und sogar die chemische Zusammensetzung seiner Oberfläche mit der Temperatur variieren. In unseren Fällen wird diese Veränderung in Funktion der Temperatur nie zu berücksichtigen sein. Diese Veränderung hat sehr wenig Bedeutung für die Anwendungen.

*(Als Ausnahme gelten aber bestimmte Messungen an lebenden Körpern!)*

## Die Ermittlung der Emissivität

Es ist natürlich nicht leicht, den Emissionsgrad eines Objekts während einer thermografischen Untersuchung zu messen. Die Messung erfolgt normalerweise im Labor an identischen und bekannten Referenz-Objekten. Aber es wird auch immer eine gewisse Unsicherheit bleiben. Da der Emissionsgrad von der Temperatur des Prüfobjektes und der emittierten Wellenlänge abhängig ist, sind die Werte aus Emissionsgradtabellen wirklich nur als Richtwerte zu verstehen. Zudem gibt es gravierende Abweichungen innerhalb verschiedener Temperaturbereiche.

| Material | Spektralbereich 0,7 ... 1,15 µm | Spektralbereich 1,4 ... 1,8 µm | Spektralbereich 2 ... 2,5 µm | Spektralbereich 4,9 ... 5,5 µm | Spektralbereich 8 ... 14 µm |
|---|---|---|---|---|---|
| Stahl , blank<br>Stahl, oxidiert | 0,40 ... 0,45<br>0,80 ... 0,90 | 0,30 ... 0,40<br>0,80 ...0,90 | 0,20 ... 0,35<br>0,75 ... 0,85 | 0,10 ... 0,30<br>0,70 ... 0,90 | 0,10 ... 0,30<br>0,60 ... 0,80 |
| Kupfer, blank<br>Kupfer, oxidiert | 0,06 ... 0,20<br>0,50 ... 0,80 | 0,06 ... 0,20<br>0,40 ... 0,80 | 0,06 ... 0,10<br>0,40 ... 0,80 | 0,05 ... 0,10<br>0,20 ... 0,70 | 0,03 ... 0,10<br>0,20 ... 0,70 |
| Aluminium, blank<br>Aluminium, oxidiert | 0,05 ... 0,25<br>0,20 ... 0,40 | 0,05 ... 0,25<br>0,10 ... 0,40 | 0,04 ... 0,20<br>0,10 ... 0,40 | 0,03 ... 0,15<br>0,10 ... 0,40 | 0,02 ... 0,15<br>0,95 |
| NiCr, blank<br>NiCr, oxidiert | 0,20 ... 0,40<br>0,65 ... 0,90 | 0,20 ... 0,40<br>0,65 ... 0,80 | 0,20 ... 0,40<br>0,65 ... 0,80 | 0,20 ... 0,40<br>0,65 ... 0,80 | 0,10 ... 0,30<br>0,50 ... 0,80 |
| Kohle, Graphit | 0,70 ... 0,95 | 0,70 ... 0,95 | 0,70 ... 0,95 | 0,70 ... 0,95 | 0,70 ... 0,95 |
| Steine, Erde, Keramik | 0,40 ... 0,70 | 0,40 ... 0,70 | 0,40 ... 0,70 | 0,50 ... 0,80 | 0,60 ... 0,95 |
| Lacke, Farben | --- | --- | --- | 0,60 ... 0,90 | 0,70 ... 0,95 |
| Holz, Kunststoff, Papier | --- | --- | --- | 0,60 ... 0,90 | 0,80 ... 0,95 |
| Textilien | --- | 0,70 ... 0,85 | 0,60 ... 0,85 | 0,70 ... 0,90 | 0,75 ... 0,95 |
| Dünnes Glas | 0,05 ... 0,10 | 0,05 ... 0,20 | 0,60 ... 0,85 | 0,70 ... 0,90 | 0,75 ... 0,95 |
| Wasser, Schnee, Eis | --- | --- | --- | --- | 0,90 ... 0,95 |

**Abb. 35:** Emissionsgrade
Tabelle in Abhängigkeit vom Material und Wellenlänge

### Emissivität als Parameter verstehen

Die thermografische Prüfung ist also die Vorgehensweise, die es mithilfe angemessener Geräte und Techniken zur Beherrschung der Messsituation erlaubt, zuerst thermische Bilder und dann anschließend Thermogramme einer thermischen Szene zu fertigen.

Der Prüfer setzt sein Know-How und sein Material ein, um »thermografisch zu untersuchen«. Die Vorbereitung hierzu verlangt, die Bedürfnisse des Kunden genau zu kennen und die zu beobachtenden, thermischen Szenen zu erkunden. Mit dieser Kenntnis kann der Prüfer den geeigneten Kameratyp wählen und die geeignete Kamerakonfiguration planen (z. B. thermische Kamera mit internem oder externem Rechner, Objektive usw.).

### Nochmals die Einflussgrößen (bei kurzer Distanz)

Emissivität: $\varepsilon$
Reflektierte Temperatur: $T_{refl}$
(Objektdimensionen und Hintergrundtemperatur werden in der Messung nicht mehr berücksichtigt).

### Bedingungen zur Gültigkeit der Übertragungsgleichung

- das Objekt ist »grau« und »undurchsichtig« *(innerhalb des Spektralbandes der thermischen Kamera)*
- die »reflektierte« Temperatur ist gleichmäßig und die Objektumgebung verhält sich annähernd wie ein schwarzer Körper
- es handelt sich um ein Objekt mit ausreichenden Dimensionen gegenüber dem räumlichen Auflösungsvermögen der mit einem entsprechenden Objektiv bestückten thermischen Kamera.

### Messung der scheinbaren Temperatur T'

Unter der Annahme von »$\varepsilon = 1$« und »$T_{refl} = T_{atm}$« sind die wichtigsten Einflussgrößen als Standardsituation im Kamerarechner oder im System festgelegt.

Beobachtet die thermische Kamera nun ein Objekt in einer thermischen Szene, so liefert sie den folgenden radiometrischen Wert :

$$L' = L_0$$

mit $L'$ = Strahlungsfluss von einem realen Körper
und $L_0$ = Strahlungsfluss von einem schwarzen Körper

Die Anwendung der Gleichung der $L_0$-Kalibrierkurve = f ($T_0$) liefert nun direkt die scheinbare Temperatur T'. Die Berechnung wird durch den in der thermischen Kamera integrierten Rechner oder im externen Rechner durchgeführt.

$$\text{Somit gilt: } L' = L_0\,(T')$$

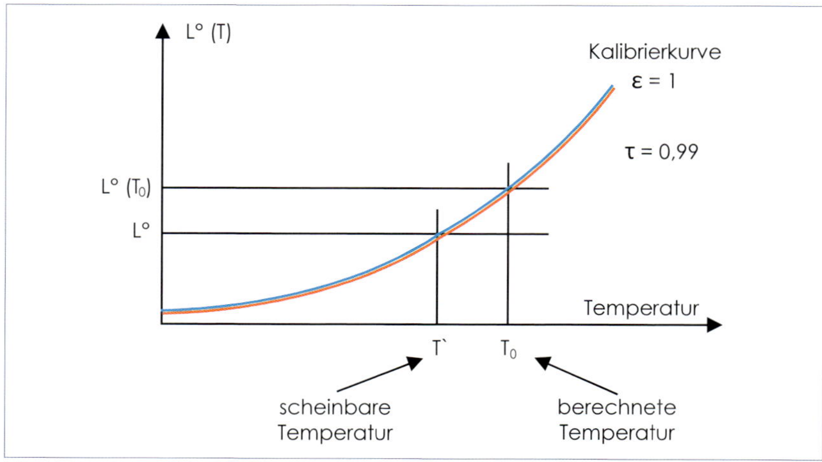


**Abb. 36:** Kalibrierkurve (schwarzer Köper) und Kurve der durch den realen Körper emittierten Strahldichte

**Messung an einem warmen Objekt mit hoher Emissivität (kurze Distanz)**

$\varepsilon$ = bekannt und hoch

$T_{refl}$ = viel schwächer als die wahre Temperatur $T_0$ des Objekts

$T_{atm} = T_{refl}$

Durch Definition der Emissivität gilt:

$$\varepsilon = L' / L_0$$

mit »L'« als Strahlungsfluss vom realen Körper und »$L_0$« als Strahlungsfluss, der gemessen werden müsste, wenn das Objekt ein schwarzer Strahler wäre.

Somit ergibt sich die Messgleichung:

$$L' = \varepsilon \cdot L_0 = L_0\,(T')$$

Damit sind wir also wieder bei der »$L_{0}$ _ Kalibrierkurve« = f ($T_0$) angekommen, mit der bei bekanntem »$\varepsilon$« dann »$L_0$« und anschließend »$T_0$« ermittelt werden kann.

Dies ist der grundsätzliche Ablauf in einer Messsituation.

Da die Emissivität aber immer niedriger als 1 ist, sehen wir, dass wir bei der Annahme, einen schwarzen Körper zu beobachten, eine scheinbare Temperatur von »T'« erhalten, die unter der wahren Temperatur »$T_0$« liegt, da »L'« ja kleiner ist als »$L_0$«.

*(In diesem Fall wurde die reflektierte Temperatur $T_{refl}$ vernachlässigt).*

Dies ist zulässig, wenn das Objekt wärmer ist als seine Umgebung und wenn außerdem seine Emissivität hoch ist. Bei dieser Gleichung stellen wir fest, dass anstatt »$T_0$« herauszurechnen, auch »$\varepsilon$« ermittelt werden kann. Vorausgesetzt natürlich, »$T_0$« ist bekannt. Dies ist eine Methode der indirekten Messung der Emissivität, wenn die Temperatur durch ein anderes Messmittel gemessen wird (z. B. durch ein Kontaktthermometer).

**Gewöhnliche Messung bei reflektierter Temperatur**

Die Umgebung emittiert Strahlen auf die thermische Szene. Diese Strahlung wird zum Teil in Richtung der thermischen Kamera »gespiegelt«. Die thermische Kamera empfängt also eine vom Objekt emittierte Strahlung und eine durch das Objekt reflektierte Strahlung.

Er ergibt sich:

$$L' = L_{emitt} + L_{refl}$$

oder in Worten:

Gemessener Strahlungsfluss = Emittierter Strahlungsfluss
+ reflektierter Strahlungsfluss

Die »schwarze Strahlung«, die von der Umgebung kommend als reflektierte Temperatur »$T_{refl}$« auf die thermische Szene wirkt, wird als »$L_{0refl}$« bezeichnet. »$L_{0refl}$«wird durch die Kalibrierkurve gegeben. Dieser Strahlungsfluss »$L_{0refl}$« wird teilweise vom Objekt, in Abhängigkeit von dessen Reflexionsgrad, reflektiert. »$L_{0refl}$« wird also durch den Faktor »$\rho$« »abgeschwächt«. Übrig bleibt der von der thermischen Kamera empfangene Anteil »$L_{refl}$«.

Für den Reflexionsgrad »ρ« gilt:

$$\rho = 1 - \varepsilon$$

*(bei gleichmäßiger, reflektierter Temperatur)*

Er muss also vom Strahlungsfluss »L'«, der von der thermischen Kamera gemessen wurde, von dem durch das Objekt reflektierten Anteil »$(1 - \varepsilon) \cdot L_{0refl}$« abgezogen werden:

$$L' = \varepsilon \cdot L_0 + (1 - \varepsilon) \cdot L_{0refl}$$

Man hat immer »$L' = L_0\ (T')$«. Wenn der Wert der im Gerät festgelegten Emissivität 1 ist, wird die scheinbare Temperatur »T'« berechnet und angezeigt.

Der Rechner schließt also daraus für die emittierte Strahlung:

$$\varepsilon \cdot L_0 = L' - (1 - \varepsilon) \cdot L_{refl}$$

woraus bei bekanntem $\varepsilon$ folglich $L_0$ und anschließend $T_0$ ermittelt werden kann.

Eine Bestimmung der Emissivität ist ebenfalls möglich, indem die reflektierte Temperatur »$T_{refl}$« berücksichtigt wird.

Wir erhalten:

$$\varepsilon = (L' - L_{refl}) / (L_0 - L_{refl})$$

was noch einmal ergibt:

$$\varepsilon = L' / L_0$$

*(wenn $L_{refl} = 0$, also wenn $T_{refl}$ sehr schwach ist)*

Man kann mit dieser Gleichung zeigen, dass es unmöglich ist, die Emissivität eines Objekts zu messen, wenn es die gleiche Temperatur wie seine Umgebung hat *(wahre Temperatur = Objektumgebungstemperatur; also ein thermisches Gleichgewicht herrscht)*.

Um die genaue Emissivität zu bestimmen, ist es in der Praxis notwendig, dass die Temperatur des Objekts »deutlich« über seiner Umgebungstemperatur liegt *(»deutlich« ist dann schon wieder abhängig von der Messgenauigkeit des entsprechenden Thermometers)*. Aber auch dieser scheinbare Wert hängt wiederum von der Emissivität ab.

Für die Praxis ist es wichtig zu verstehen, dass die Emissivität eines Materials gar keine Rolle spielt, wenn dieses Material dieselbe Temperatur hat wie die Umgebung, in der es sich befindet. Es ist als ob wir uns im Hohlraum eines schwarzen Körpers befinden, dessen Wandmaterial auch ohne Bedeutung ist, denn die durch das Messgerät wahrgenommene Strahlung entspricht der schwarzen Strahlung dieses Hohlraums.

Somit ist bei isothermen oder praktisch isothermen Anwendungen (im Gebäudeinneren, zerstörungsfreie Prüfung, usw.) der Wert der Emissivität für die Bestimmung absoluter Temperaturen sekundär. Ein hoher Emissivitätswert ist dagegen sehr wichtig, um Temperaturunterschiede zu messen und besonders hervorzuheben, insbesondere wenn diese Unterschiede sehr schwach sind.

**Die minimale Messunsicherheit bei der Temperaturmessung**

Eine absolute Messung bedeutet nicht zwangsläufig eine absolut genaue Messung! Bei einer absolut genauen Messung wäre die berechnete Temperatur identisch mit der tatsächlichen, der wahren Temperatur.

Seit Beginn der achtziger Jahre sind die thermischen Kameras in der Lage, absolut zu messen, sprich eine absolute Temperaturmessung durchzuführen. In der Tat wird die Drift *(Abweichung über die Zeit)* des Empfängers bzw. der thermischen Kamera kompensiert. Dies geschieht über die so genannte Shutter-Funktion. Bei thermischen Messgeräten wie Pyrometern mit »nur« einem Empfänger ist das sehr einfach. Matrixkameras haben diesbezüglich eine prinzipiell schlechtere Qualität und Genauigkeit, weil die Drift-Korrektur im Allgemeinen für das ganze Bild durchgeführt wird, jeder Einzeldetektor (Pixel) aber seine individuellen Eigenschaften hat, auch über die Zeit.

Am Ende ist der Prüfer verantwortlich, weil er für den Zustand und die Genauigkeit seines Prüfmaterials zuständig ist. Er nimmt die notwendigen Einstellungen vor. Analoge oder manuelle Shutterauslösung, Kalibrierung am Prüfstrahler, etc.

Eine absolute Temperaturmessung berücksichtigt Kalibrierkurven und die Einflussgrößen einer Messsituation. Die muss der Prüfer beherrschen. Ebenso sollte er in der Lage sein, sie mittels der bereits behandelten Gleichungen durchzurechnen. *(Und auch ggf. die Wahrscheinlichkeit herzuleiten).* Die Berechnung der Messunsicherheit über den gemessenen, absoluten Wert ist machbar, doch dies ist nicht Gegenstand dieses Lehrbuches.

Der »Beitrag« der thermischen Kamera zur Messunsicherheit wird vom Konstrukteur, dem Hersteller angegeben. Dieser Betrag ist die absolut kleinste

Messunsicherheit, die sozusagen »angekündigt« werden oder vorhanden sein darf. Sie beträgt normalerweise ±2 °C bei Messungen unterhalb von 100 °C (oder darüber 2 % vom Messwert). Das Manual oder die Begleitpapiere, wie z. B. der Kalibrierschein einer thermischen Kamera geben darüber Auskunft. Diese Unsicherheit ist anwendbar auf die von der thermischen Kamera gerechnete, scheinbare Temperatur, vorausgesetzt, die thermische Kamera befindet sich im Normalzustand.

## Die Messung von Temperaturdifferenzen

In Anbetracht der Exponentialform der Kalibrierkurve, die eine nichtlineare Beziehung zwischen der Strahlung und der scheinbaren Temperatur ist, ist eine Temperaturdifferenz eigentlich »nur« die Subtraktion von zwei absoluten Temperaturwerten.

Es gibt folglich also keine Temperaturdifferenzmessung (im gleichen Thermogramm), basierend auf einer Strahlungsdifferenz, die anschließend in eine Temperaturdifferenz übertragen wird.

Aber aufgrund der Tatsache, dass die absoluten Temperaturmessungen im selben Moment innerhalb desselben Thermogramms geschehen, kompensieren sich die Messunsicherheiten stark bei der Subtraktion. Daraus ergibt sich, dass der Wert dieser Temperaturdifferenz weniger unsicher ist als die zwei absoluten Temperaturwerte. Hierbei können einige Zehntel Grad Abweichung angegeben werden anstatt die bereits genannten ±2 °C (>100 °C 2 % vom Messwert).

Bei zeitversetzten Aufnahmen handelt es sich um eine Erwärmung oder Abkühlung (die Differenz). Nur bei sehr kurzen Zeitabständen, konstanten Kameraeinstellungen und geringer Dynamik zwischen den Aufnahmen bleibt die Messunsicherheit klein.

### Relative Messung oder vergleichende Messung?

Eine »relative Messung« ist eine absolute Temperaturmessung, bei der eine absolute Temperaturreferenz berücksichtigt wird, die sich innerhalb der thermischen Szene befindet. Diese absolute Messung geschieht also relativ gegenüber dieser Referenz.

Es sollte vermieden werden, über eine relative Messung zu sprechen, wenn über »ΔT« gesprochen wird. Denn der Vergleich oder die Subtraktion zweier Temperaturwerte, wenn davon keine eine absolute Temperaturreferenz ist, ist eine »vergleichende Messung«.

Wir betrachten nun die Parameter, die die Messung des Temperaturunterschieds zwischen Zone 1 und 2 (im gleichen Thermogramm) beeinflussen. Die Voraussetzung hierbei ist, dass für beide Zonen die Emissivität und der reflektierte Strahlungsfluss gleich sind.

$$L'_1 = \varepsilon \cdot L_0 (T_1) + (1 - \varepsilon) \cdot L_{refl}$$
$$L'_2 = \varepsilon \cdot L_0 (T_2) + (1 - \varepsilon) \cdot L_{refl}$$

Die Differenz der gemessenen Strahlungsflüsse »$L'_2 - L'_1$« ist unabhängig vom reflektierten Strahlungsfluss »$L_{refl}$«.

Wird zur Vereinfachung der für die ZfP typische Fall angenommen, dass die Temperaturdifferenz ($\Delta T = T_2 - T_1$) klein ist, so entsteht eine lineare Beziehung zwischen der Strahlung und der Temperatur, *(aber nur!)* um eine vorgegebene Temperatur herum.

Damit ist :

$$L_0(T) = a \cdot T + b$$

mit »a« und »b« als Konstanten, für eine bestimmte Niveaueinstellung, also an einer gegebenen, scheinbaren Temperatur.

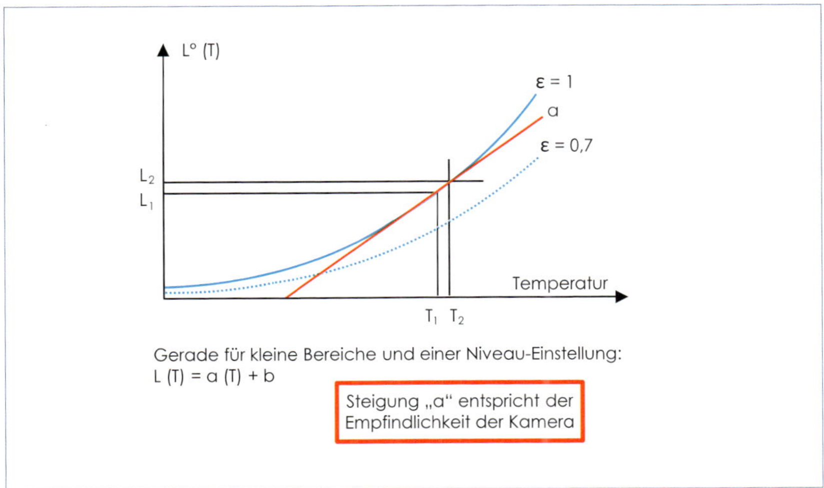


**Abb. 37:** Kalibrierkurve mit kleiner Strahlungsdifferenz, was an dieser Stelle eine lineare Beziehung zwischen Strahlung und Temperatur erzeugt.

Daraus folgt :

$$L'_2 - L'_1 = \varepsilon \cdot (a \cdot T_2 + b) - \varepsilon \cdot (a \cdot T_1 + b) = \varepsilon \cdot a \cdot \Delta T$$

Wir stellen fest, dass die Differenz zwischen den beobachteten Strahlungsflüssen nun direkt proportional zur Emissivität der beobachteten Oberfläche ist. Es kann auch geschrieben werden:

$$\Delta T = \Delta L / (\varepsilon \cdot a)$$

Aber warum dieser Nachweis? Oft wird zu Unrecht geglaubt, dass eine Messung des Temperaturunterschiedes gänzlich unabhängig von der Emissivität sei. Sollen bei einer thermografischen Untersuchung Temperaturunterschiede durch die Beobachtung von Strahlungsdifferenzen beobachtet werden, so wird empfohlen, die höchste Emissivität zu haben (auch einzustellen), auch wenn der genaue Wert keine große Bedeutung hat.

Wir stellen ebenfalls fest, dass die Überlegungen bezüglich »$\varepsilon$« für den Parameter »a« identisch sind. »a« stellt nichts anderes als die Kameraempfindlichkeit dar – bei einer bestimmten Niveaueinstellung, also bei einer gegebenen, scheinbaren Temperatur. Somit empfiehlt es sich, die empfindlichste thermische Kamera zu benutzen und zwecks besserer Empfindlichkeit so hoch wie möglich auf oder am Messbereichs-Endwert zu arbeiten.

## Der Reflexionsgrad

Der Reflexionsgrad ist ein wichtiger Begriff, um Beobachtungssituationen zu beherrschen und dann gewährleisten zu können, dass die erhaltenen Aufnahmen auch korrekte thermische Bilder sind.

Als Kind hat man sich z. B. mit einem Spiegel die Zeit vertrieben und Sonnenstrahlen in die Augen von Passanten »umgelenkt«. Die exakte Orientierung des Spiegels war und ist in diesem Fall wichtig. Die Schwierigkeit besteht darin, den richtigen Winkel zu finden, indem man den Spiegel exakt ausrichtet. Die Reflexion ist also richtungsabhängig. Die Menge der reflektierten Strahlung ist hoch, da die Sonne einen hohen Wärmefluss hervorbringt, weil der Reflexionsgrad des Spiegels hoch ist und somit die Reflexion ebenfalls. Man benutzt kein einfaches Scheibenglas, um Sonnenstrahlen umzulenken, da der Reflexionsgrad sehr schwach ist. *(Selbst wenn die Reflexionsart dieselbe ist).* Man verwendet eine metallisierte Glasfläche, die einen hohen Reflexionsgrad und eine gerichtete Reflexionsart besitzt.

Im Kino benutzt man die geperlte Leinwand, die anders reflektiert. Man sieht den Film auf der Leinwand, ungeachtet des Sitzes, der im Saal gewählt wurde. Wenn man den Film auf eine matte Mauer projiziert, reflektiert diese das Licht in alle Richtungen, aber in geringerer Quantität. Die geperlte Leinwand und die Mauer haben eine diffuse Reflexionsart.

Man stellt also fest, dass es zwei Begriffe gibt:

Den Wert des Reflexionsgrades und die Reflexionsart *(Aspekt der Richtungsabhängigkeit)*.

### Die gerichtete Reflexion

Die Reflexionsart eines Badezimmerspiegels ist »gerichtet«. Die Gesetze der Reflexion besagen, dass die Einfalls- und Reflexionswinkel gleich sind und in derselben Ebene liegen. Alles ereignet sich, als ob die einfallende Strahlung von einem anderen Punkt des Raumes käme *(vom Bild des Gegenstandes durch den Spiegel)*. Für diesen Spiegel und im sichtbaren Spektrum ist der Reflexionsgrad hoch *(das Glas ist transparent und die Reflexion erfolgt auf der Metallschicht)* und die Reflexionsart ist gerichtet.

Aber im infraroten Spektrum der üblichen thermischen Kameras hat der Badezimmerspiegel einen schwachen Reflexionsgrad *(das Glas ist ein fast undurchsichtiges oder undurchsichtiges Material, die Reflexion findet auf der Vorderseite des Glases statt)*. Die Reflexion bleibt trotzdem gerichtet. Eine Strahlung, die auf diesen folgenden Spiegel in einer bestimmten Richtung ankommt, ist nur in einer Richtung gespiegelt.

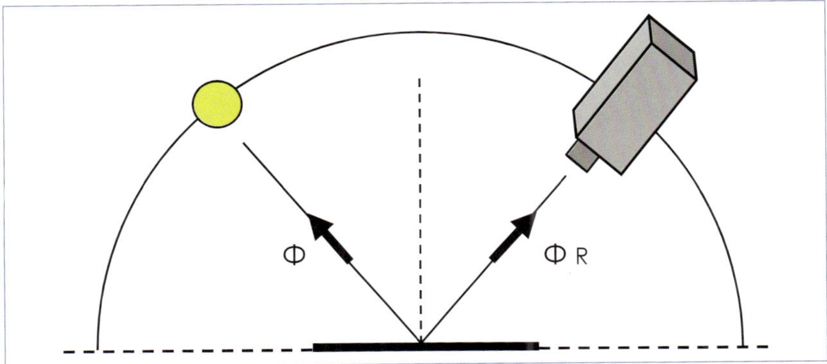


**Abb. 38:** gerichtete Reflexion

In den »klassischen« thermischen Kameras werden Spiegel für die räumliche Abtastung benutzt. Sie sind dann jedoch aus Metall oder werden von einer metallischen Schicht bedeckt. Dadurch wird dafür gesorgt, dass der Reflexionsgrad möglichst hoch ist.

### Die gerichtete Reflexion in der Praxis

Das Bild eines Materials, dessen Reflexionsart gerichtet ist, kann ungewollte oder so genannte »parasitäre« Reflexionen enthalten, wenn es warme Quellen in der Strahlungsumgebung des Prüfgegenstandes gibt.

Diese »parasitären« Reflexionen sind ungewollt, weil sie das Bild enorm stören können. Dadurch wird die Temperaturverteilung der beobachteten Struktur mitunter nicht mehr dargestellt, es sind keine thermischen Bilder aufzunehmen. Außerdem, weil man sie nicht in den Temperaturberechnungen berücksichtigen kann.

Die Strahlungsumgebung ist größer als der Bereich des Prüfgegenstandes, der durch die thermische Kamera gesehen wird. Sie wird vom Teil der Hemisphäre gebildet, der durch die thermische Kamera, infolge von Reflexionen, auf dem Prüfgegenstand zu sehen ist.

**Abb. 39:** ungewollte Reflexionen

### Reflexionen identifizieren

Die »ungewollten« Reflexionen verschieben sich, wenn man die Beobachtungsrichtung des Prüfgegenstandes durch die thermische Kamera ändert. Wenn der Prüfgegenstand von großer Dimension ist, kann man eventuell auf dem Bild des Prüfgegenstandes das Umweltbild sehen, indem man auf dieses, anstatt auf das Prüfobjekt, fokussiert.

Nach Abgrenzung der Quellen, die sich auf dem Objekt reflektieren, ergeben sich folgende Fragen:

- sind diese Quellen auszublenden (zu löschen)?
- sind diese Quellen abzuschirmen?
- ist die Beobachtungsrichtung zu ändern, indem man den Gegenstand oder die Kamera verschiebt?

Die Quellen auszublenden

- *(oder zu löschen)* verlangt, das Abkühlen oder das effektive Verschwinden der störenden Strahlung abzuwarten.

Die Quellen maskieren

- läuft darauf hinaus, eine »Wand« schwacher Temperatur dazwischenzulegen. Es ist dann diese Wand, die Strahlung in Richtung des Gegenstandes hervorbringt, aber diese Strahlung ist viel schwächer als vorher und wird weniger die Beobachtung stören.

Die Beobachtungsrichtung ändern

- läuft darauf hinaus, den Prüfgegenstand aus einem anderen Winkel zu betrachten. Das Fehlen von warmen Quellen in diesem Teil der Hemisphäre ist dabei zu prüfen.

Diese Vorsichtsmaßnahmen dienen ebenfalls der gleichmäßigen Verteilung der reflektierten Temperatur. Die reflektierten Strahlungen werden also bei einem Objekt mit gleichmäßiger Emissivität überall dieselben sein. Ziel ist es, ein Bild, das die räumliche Verteilung der Strahlung des beobachteten Gegenstandes und nicht die räumliche Verteilung der Umweltquellen dieses Gegenstandes vorstellt, zu erhalten. Man kann so diese reflektierte Temperatur ($T_{refl}$) als eine Einflussgröße in der Berechnung der Temperatur des Gegenstands berücksichtigen; es ist keine parasitäre Größe mehr, von der man keine Berechnung machen kann.

Dass ein Material gerichtet reflektiert, bedeutet nicht unbedingt, dass der Reflexionsgrad hoch ist. Sie haben beispielsweise volle Sicht auf ein Fahrzeug, dessen Heckscheibe die volle Sonne in Ihren Augen reflektiert. Der Reflexionsgrad der Scheibe ist mit 0,05 im sichtbaren Spektrum sehr schwach, aber die

Reflexion ist gerichtet. Sie erhalten die vollständig reflektierte Strahlung (von der Reflexion), was gewaltig ist. Wenn Sie die Richtung ändern, haben Sie diese Reflexion nicht mehr in den Augen, was jedoch nichts am Reflexionsgrad der Scheibe ändert!

### Die diffuse Reflexion

Im Kino ist die geperlte Projektionsleinwand für die reflektierte Strahlung sehr wichtig; die geperlte Leinwand wird speziell dafür hergestellt und ihr Reflexionsgrad ist ebenfalls hoch. Aber die Strahlen werden in alle Richtungen reflektiert.

Ein Oberflächenelement des Films, der auf ein Oberflächenelement der geperlten Leinwand projiziert wird, »sendet« Strahlen aus, die von der Leinwand in allen Richtungen reflektiert werden. Die Leinwand »verbreitet« diese Strahlen. Doch dies ist nicht für alle Richtungen gleich, denn die Reflexion ist diffus, aber nicht »isotrop« (überall gleich). Die geperlte Leinwand besteht aus Perlen mit vielen Reflexionsrichtungen; dieser »Spiegel« ist sozusagen »körnig«. Die diffuse Reflexionseigenschaft ist nicht abhängig vom Stoff, sondern von der Oberflächenbeschaffenheit des Materials. *(Der Rautiefe).*

Für eine Mauer aus Ziegelsteinen ist der Reflexionsgrad niedrig und die Reflexionsart diffus.

Für eine Leinwand ist der Reflexionsgrad hoch und die Reflexionsart diffus.

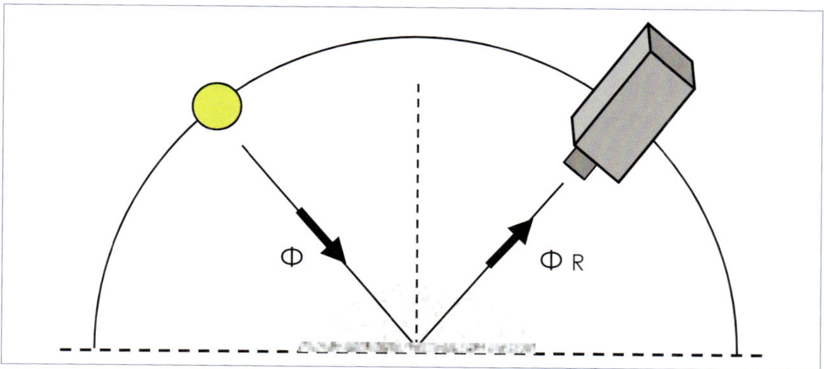


**Abb. 40:** diffuse Reflexion

### Die diffuse Reflexion in der Praxis

Gehen wir vom extremen Fall isotroper, diffuser Reflexion aus. Die einfallenden Strahlen sind identisch in alle Richtungen zur Hemisphäre gespiegelt. Man wird feststellen, dass die thermische Kamera sehr wenig reflektierte Strahlung empfangen wird, da sie sich nur in einer der Reflexionsrichtungen befindet. Aber man stellt ebenfalls fest, dass die thermische Kamera keine bevorzugte Beobachtungsrichtung hat. Man wird auf dem Bild nicht sehen, das sie ungewollte Reflexion liefert, sondern nur eine gleichmäßige Erhöhung der Strahlung vom Gegenstand, die auf die Wirkungen der Umwelt zurückzuführen ist. Die Lösung besteht darin, die warmen Quellen zu entdecken, die in der Umwelt angesiedelt sind, sie zu löschen oder abzuschirmen. Die Oberfläche des Gegenstandes führt einen Durchschnitt aller einfallenden Strahlungen durch und reflektiert also einen identischen durchschnittlichen Wert in allen Beobachtungsrichtungen. Aber man muss wissen wie viel, was in der Praxis unmöglich ist. Daher müssen die reflektierten Temperaturen des Gegenstandes gleichmäßig verteilt werden, um diese reflektierte Strahlung in der Berechnung der Temperatur des Gegenstandes zu berücksichtigen. Im reellen Alltag sind all diese Phänomene da, und die Reflexionsart kann zwischen dem gerichteten und dem isotropen, diffusen Typ liegen (identisch in allen Richtungen). Wir sehen, dass bei anisotroper, diffuser Reflexion die Richtung der thermischen Kamera nicht gleichgültig sein wird, aber dass es schwierig wäre, durch das gelieferte Bild die warmen Quellen in der Umgebung zu lokalisieren. Somit wird bei allen Reflexionsfällen die reflektierte Strahlung gleichmäßig und so schwach wie möglich sein. Das ist es, was die Beherrschung der Beobachtungs- und Messsituation ausmacht.

### Allgemeines Verhalten und Beispiele

In der Thermografie wird versucht, die Temperaturen von Körpern, deren Reflexionsgrad schwach ist, zu beobachten und zu messen. Aber für jeden Reflexionstyp werden wir alle möglichen Fälle haben, je nach der Oberflächenbeschaffenheit der Materialien - zwischen gerichteter und isotroper, diffuser Reflexion. Die Temperatur eines Spiegels wird nicht gemessen, da seine Emissivität sehr schwach ist. Polierte Körper mit lackierter Oberfläche haben eine spiegelartige Reflexion. Ein gerichtetes Reflexionsmaterial im sichtbaren Spektrum ist ebenso überwiegend spiegelnd im Infrarot. Aber ein diffuses Material im sichtbaren Spektrum kann vielleicht im Infrarot spiegelnd sein. Grobkörnige Gegenstände haben meist einen diffusen Reflexionsgrad. Aber es kann auch alle Fälle geben. Ein poliertes Metall wird beispielsweise einen hohen Reflexionsgrad haben und hauptsächlich vom gerichteten Typ sein.

### Beispiele im sichtbaren Spektrum

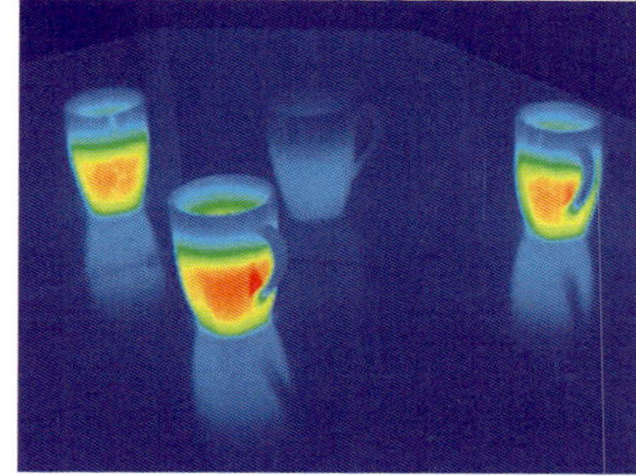

**Abb. 41:** Reflexionsbeispiele

### Die reflektierte Temperatur

Reflexionen beeinflussen das durch die thermische Kamera gegebene Bild. In den einfachen Fällen kann angenommen werden, dass das Bild der Reflexionen gleichmäßig ist. Dieses Bild der Reflexionen *(= konstant über das ganze Bild)* kann vom beobachteten Bild abgezogen werden, um zum thermischen Bild der einzigen, der emittierten Strahlungen zu führen. Dies ist das einzige Bild, das uns für die Temperaturmessung interessiert.

In diesen einfachen Fällen sind die Reflexionen »beeinflussend«, d.h. sie sind nicht »parasitär«. Ebenso besitzen dabei alle beobachteten Körper dieselbe Emissivität und alle Körper in der Umgebung der thermischen Szene die gleiche Temperatur, auch reflektierte Temperatur($T_{refl}$) genannt. Die reflektierte Temperatur »$T_{refl}$« ist eine wichtige Einflussgröße. Sie beeinflusst das Ergebnis der Messung stark. Es ist die zweite Einflussgröße neben der Emissivität. Man bemüht sich, thermografische Messungen in einer solchen realen Umgebung durchzuführen. Natürlich ist dies ein Idealfall. Wir begegnen ihm in der Praxis nur dann, wenn die wärmeren Körper in der Umgebung zerstreut sind und sowohl kleine Dimensionen als auch relativ niedrige Temperaturen haben. Deshalb muss die reflektierte Temperatur gleichmäßig sein, was die dritte Bedingung zur Gültigkeit thermografischer Messungen darstellt. Die erste Bedingung ist, dass der beobachtete Körper undurchsichtig ist, die zweite ist, dass der beobachtete Körper grau ist. Es sind die ersten Bedingungen zwecks Gültigkeit der Gleichung zur Übertragung in Temperaturwerte. Wir werden noch eine andere wichtige Bedingung sehen sowie einige andere weniger wichtige. Dies alles erlaubt uns, die Messsituationen zu vereinfachen, um die Temperaturen mithilfe der thermischen Kamera zu messen. Das Umfeld der thermischen Szene wird durch eine Halbkugel oder Hemisphäre definiert, die die Oberfläche des beobachteten Körpers sieht. Je nach Form des Körpers kann diese Halbkugel größer oder kleiner sein.

**Die Fragen, die der Prüfer sich stellen muss, sind:**

- was sieht der Körper, der die Kamera beobachtet?
- was ist das Umfeld der thermischen Szene?
- haben die Umgebung und die Objekte um den Prüfer herum eine gleichmäßige Temperatur?

Wenn ja, dann kann der mit der thermischen Kamera verbundene oder der interne Rechner die reflektierte Strahlung abziehen. Nachdem der Wert des Emissionsgrades in die thermische Kamera eingegeben wurde, wird der Wert der reflektierten Temperatur erfasst. Für die Messungen bei kurzem Abstand und bei direkter Sicht zur beobachteten Szene wird man bei diesen zwei Einflussgrößen bleiben. Das ist der Normalfall.

**Schlussfolgerung**

Warum auf diese Begriffe und die Beachtung von »Reflexionsgrad« und »Reflektierter Temperatur« so eingegangen wird? Allzu oft ist die reflektierte Temperatur dem Prüfer einfach unbekannt und somit unverständlich. In der Folge wird sie dann auch nicht berücksichtigt, was in der Regel völlig falsche Messergebnisse liefert.

Häufig gibt es Fragen in der Art: »Aber was ist denn jetzt die »Umgebungstemperatur«?« oder die Behauptung: »Ich sehe die Umgebung als Reflexion auf dem Objekt, also ist die Emissivität schwach!«

Der Begriff des Reflexionsgrades zwingt uns dazu, qualitativ über die Strahlungen nachzudenken. Die Übungen in der Praxis erlauben es am besten, sich mit diesen Begriffen gut vertraut zu machen.

Sich darüber Gedanken zu machen, wird nach und nach zu einem »aufklärenden Spiel«. Trotzdem, in der zerstörungsfreien Prüfung, sobald die Beobachtungssituation beherrscht wird, besteht keine Notwendigkeit, die reflektierte Temperatur genau zu kennen, da die absoluten Temperaturwerte in dieser

Anwendung nicht wichtig sind. *(Vorausgesetzt die Strahlungsumgebung der beobachteten Struktur ist isotherm und von niedrigerer Temperatur als die Struktur).*

## Der Transmissionsgrad

Wir ziehen an dieser Stelle nur bestimmte, besondere Fälle in Betracht, die in den Rahmen dieses Lehrbuches passen. Wir erinnern uns, dass in der Praxis nur die Temperatur undurchsichtiger, opaker Körper gemessen werden kann, deren Transmissionsgrad gleich null ist. Dies ist glücklicherweise bei den meisten thermisch zu messenden Objekten der Fall. Aber einige Körper interessieren uns hier besonders. Diejenigen, die sich auf der Strecke zwischen der thermischen Szene und der thermischen Kamera befinden *(z. B. die Atmosphäre oder das Sichtfenster)* und jene, die sich zwischen der Strahlungsquelle und dem Objekt *(z. B. ein spektraler Filter)* befinden.

### Die Atmosphäre

Die Atmosphäre ist ein halbdurchsichtiger Körper. Wir interessieren uns hier für den Transmissionsgrad der Atmosphäre.

Anhand der nachstehenden Darstellung erkennen wir, dass die Atmosphäre nur in einigen Spektralbändern *(für Infrarote Strahlung)* transparent ist. Die Bänder des Spektrums, wo dieser Körper »Atmosphäre« am transparentesten ist, sind die Bänder von 3 bis 5 µm und von 8 bis 14 µm.

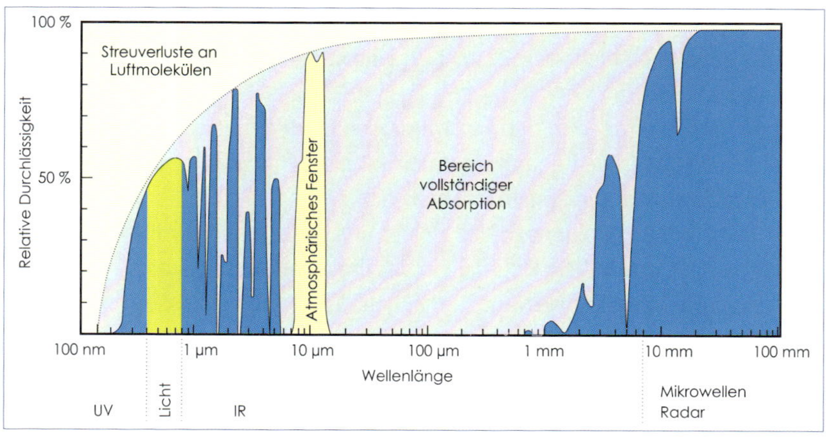


**Abb. 42:** atmosphärische Fenster

Die Darstellung zeigt uns »auf den ersten Blick«, weswegen die Gerätehersteller von Anfang an thermische Kameras so konzipierten, dass diese nur in diesen einzelnen Spektralbändern funktionieren.

Es sind hauptsächlich der Wasserdampf und das Kohlendioxyd, die in der Atmosphäre enthalten und gleichzeitig die Ursache der Abschwächung der Strahlungen sind. Die von der thermischen Szene kommenden Strahlen werden zum Teil beim Übergang in die Atmosphäre absorbiert.

Diese Spektralbänder mit guter Transmission werden »atmosphärische Fenster« genannt, da man nur in diesen Spektralbändern durch die Atmosphäre sehen kann. Außerhalb dieser Bänder ist die Atmosphäre sozusagen eine undurchsichtige Mauer und man kann die thermische Szene, die uns interessiert, nicht sehen.

Doch auch in diesen Spektralbändern ist die Atmosphäre nicht vollkommen transparent. Deshalb wird ein durchschnittlicher Transmissionsgrad der Atmosphäre definiert, den wir zum atmosphärischen Transmissionsgrad vereinfachen. Dieser Faktor wird mittels einer Gleichung berechnet, die den Messabstand und das Spektralband der thermischen Kamera berücksichtigt. Man könnte ebenfalls den relativen Feuchtigkeitsgehalt der Atmosphäre, den Kohlendioxydgehalt und die atmosphärische Temperatur ($T_{atm}$) berücksichtigen. Doch in der normalen und auch in der industriellen Praxis ist ein vereinfachtes Modell ausreichend. Außerdem ist es unzumutbar, dass die Prüfer alle Parameter der Atmosphäre messen können und somit ihren eigenen Einsatz erschweren, während die Einflüsse dieser Parameter auf die Ergebnisse meist extrem gering sind. Somit ist der durchschnittliche, atmosphärische Transmissionsgrad eine Einflussgröße. Er beeinflusst das Ergebnis der Temperaturmessung und ist somit die dritte Einflussgröße. Bei 10 m Abstand erhält die KW-Kamera ungefähr 7 % weniger an Strahlung als sie bei kurzem Abstand (ungefähr 1 m) erhält. Dieselbe Feststellung wird für die LW-Kameras gemacht, hier aber bei einem Abstand von 100 m. (Abb. 43) Üblicherweise enthält die Atmosphäre weder Nebel, noch Aerosole oder dichte Partikel in Suspension. Ihr Reflexionsgrad ist also gleich null.

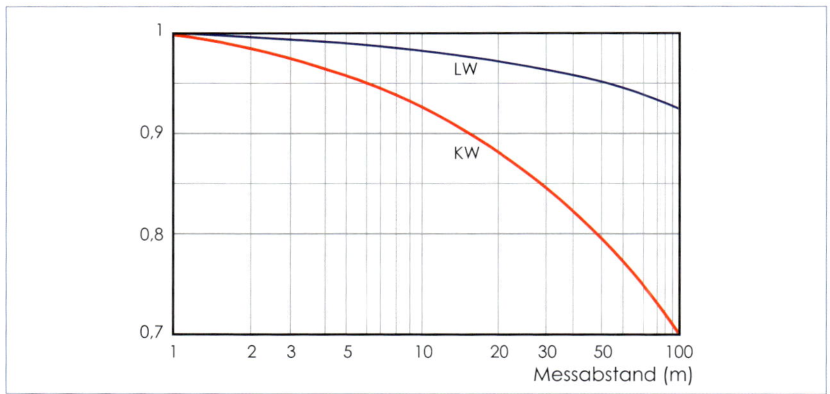


**Abb. 43:** durchschnittlicher Transmissionsgrad der Atmosphäre in Abhängigkeit des Messabstandes für eine Atmosphäre mit 50% relativer Feuchtigkeit

Für die Atmosphäre gilt also die Gleichung $\varepsilon + \tau = 1$.

Diese Gleichung bedeutet, dass das Ausbreitungsmedium der Strahlen, in Funktion seiner eigenen Temperatur und seiner Emissivität, selbst Strahlung hervorbringt. Diese wird der von der thermischen Szene kommenden Strahlung hinzugefügt. Somit dämpft die Atmosphäre die Strahlen, die uns interessieren und fügt Strahlen hinzu, die uns nicht interessieren. Hier ergibt sich also die vierte Einflussgröße, »$T_{atm}$«, die das Ergebnis der Messung beeinflusst, die atmosphärische Temperatur.

Es existieren demzufolge verschiedene Strahlungsanteile und dämpfende Faktoren in der Atmosphäre:

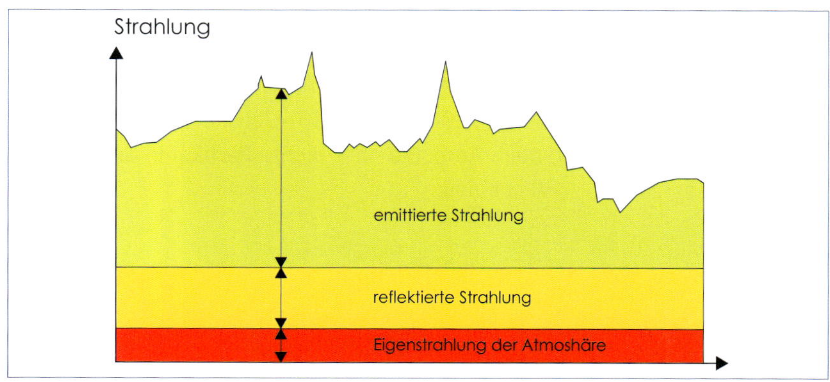


**Abb. 44:** Strahlungsanteile

Zur Berechnung der Transmissionseigenschaften der Atmosphäre unter den verschiedenen Bedingungen wurde das mathematische Modell »Lowtran« entwickelt *(das wir hier aber nicht näher beachten)*. Wir sehen also, dass in der gängigen Praxis der ZfP, wo die Beobachtungsabstände verhältnismäßig kurz sind, die Atmosphäre keine Rolle spielt. Die Auswirkung der Atmosphäre, die zwischen dem Objekt und der Kamera normalerweise homogen ist, ist für das Bild unbedeutend und wird daher nicht weiter berücksichtigt. In der Regel wird bei der Umrechnung in Temperaturwerte eine kurze Entfernung angegeben. Falls der Wert für den relativen Feuchtigkeitsgehalt der Atmosphäre veränderbar ist, wird er auf 50 % eingestellt und nicht mehr verändert.

### Sichtfenster

Manchmal ist es notwendig, die Temperatur von Objekten, die sich in geschlossenen Bereichen befinden, durch ein Sichtfenster zu messen. Diese Sichtfenster werden zwecks thermografischer Prüfungen fest installiert. Es sind keine Sichtfenster aus »Plastik« – diese wären für die infraroten Strahlungen zu undurchsichtig.

Aber Vorsicht, Falle!

Ein Sichtfenster kann, abhängig von der jeweiligen spektralen Empfindlichkeit, für eine thermische Kamera transparent, für eine andere evtl. undurchlässig sein. Es empfiehlt sich deshalb zu überprüfen, welcher Typ von Sichtfenster installiert ist und über welche thermische Kamera man verfügt, um zu sagen, ob Beobachtungen und Messungen überhaupt möglich sind. Schließlich berücksichtigt bei einigen thermischen Kameras der eingebaute Rechner den Transmissionsgrad eines möglichen Sichtfensters. Sollte dies nicht der Fall sein, dann kann man trotzdem damit klar kommen, vorausgesetzt, das warme Objekt mit guter Emissivität befindet sich in einer kalten Umgebung. In der ZfP es ist allerdings nicht so üblich, Gegenstände durch ein Sichtfenster zu beobachten.

### Sichtfenster und Filter zwischen der strahlenden Heizquelle und dem Gegenstand

Bei einer Erwärmung mittels Strahlung soll verhindert werden, dass das Messobjekt während der Prüfung die Strahlen der Heizquelle, für die diese thermische Kamera empfindlich ist, in Richtung der thermischen Kamera reflektiert.

Üblicherweise wird also das Objekt im sichtbaren Spektrum und im nahen infrarot *(bis zu 2,7 µm)* »beleuchtet«, wobei höhere Wellenlängen durch das Vorsetzen einer einfachen Glasplatte von ungefähr 5 mm Stärke blockiert werden. Die Kurve des spektralen Transmissionsgrades von verschiedenen »Gläsern« zeigt, dass diese an den unerwünschten Wellenlängen praktisch undurchsichtig ist und das Bild nicht durch diese Strahlungsumgebung gestört wird.

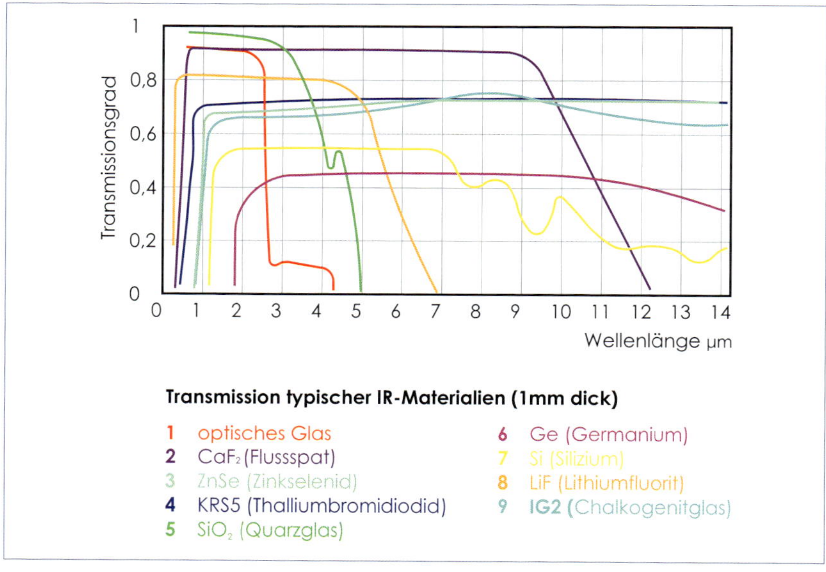


**Abb. 45:** der spektrale Transmissionsfaktor von verschiedenen Scheibengläsern

## Schlussfolgerungen

Aus den thermischen Verhältnissen der beobachteten Szene wird ein gleichmäßiges, thermisches Bild *(der vom Ausbreitungsmedium emittierten Strahlungen)* erzeugt.

Dieses Bild wird wiederum, von der thermischen Szene bis hin zur beobachtenden thermischen Kamera, gleichmäßig durch den Transmissionsgrad der Atmosphäre und/oder des Sichtfensters abgeschwächt.

Einerseits kann man von den thermischen Bildern, die durch die thermische Kamera empfangen worden sind, die »thermischen Bilder« der Strahlungen abziehen, die auf der Aufnahmestrecke hinzugefügt wurden. Andererseits können die resultierenden thermischen Bilder korrigiert werden, um sich schließlich bei den Messbedingungen bei kurzen Abständen wiederzufinden.

Es ist also vorteilhaft, Messungen bei kurzen Abständen und bei direkter Sicht zu den zu messenden Körpern zu verwirklichen. Messungen im Freien sollten bei Nebel oder Regen vermieden werden, wobei der Auftrag von Feuchte in bestimmten Fällen eine thermische Kontrastverstärkung sein kann.

Für entfernte Messungen sollten der Messabstand und die durchschnittliche, atmosphärische Temperatur auf der Messstrecke berücksichtigt werden. Wir haben den Unterschied zwischen der reflektierten Temperatur und der atmosphärischen Temperatur geklärt. Viele Prüfer verwechseln diese zwei Temperaturen. Die atmosphärische Temperatur wird oft zu Unrecht »Umgebungstemperatur« genannt, die die Norm als »$T_{umg}$« wie folgt definiert hat: »Es ist die Temperatur in der unmittelbaren Umgebung der IR-Kamera selbst«.

In einfachen Fällen (wenn die reflektierte und die atmosphärische Temperatur gleich oder nahezu gleich ist) kann diese Ungleichheit hingenommen werden. Aber es ist auch verständlich, dass bestimmte Fälle nicht durch diese Vereinfachung abgedeckt werden können.

## Der Absorptionsgrad

Der spektrale Absorptionsgrad entspricht also dem spektralen Emissionsgrad, wie wir es an anderer Stelle schon behandelt haben.

$$\alpha (\lambda) = \varepsilon (\lambda)$$

In der aktiven Thermografie spielt der Absorptionsgrad *(unter dieser Bezeichnung)* für die »Aufheizung« oder besser »Erwärmung« des Objekts *(durch Strahlung)* eine Rolle. Aber – je nach Prüfanweisung – kann es passieren, dass der Absorptionsgrad in einem Spektralband »$\Delta\lambda_{ch}$« berücksichtigt werden muss, während die thermische Kamera in einem anderen Spektralband »$\Delta\lambda_{cam}$« funktioniert, in dem die Emissivität ebenfalls berücksichtigt werden muss.

Bei diesen zwei verschiedenen Spektralbändern haben der Absorptionsgrad und die Emissivität nicht unbedingt denselben Wert. In allen Fällen soll aber versucht werden, über eine höchstmögliche Emissivität und über einen höchstmöglichen Absorptionsgrad zu verfügen. Eine höchstmögliche Emissivität impliziert einen minimalen Reflexionsgrad und begünstigt also die Identität von »$\Delta\lambda_{ch}$« und von »$\Delta\lambda_{cam}$«.

Trotzdem ist die einfallende »Heizwirkung« gewöhnlich sehr hoch, weshalb tatsächlich unterschiedliche Spektralbänder *(in der modulierten Thermografie)* oder eine Maskierung der Quelle nach dem Aufwärmimpuls *(in der Impuls-Thermografie)* erforderlich sind. Im Fall der spektralen Filterung weiß glühender Heizquellen durch eine Glasplatte mit schwachem Reflexionsgrad sind die Emissivität des zu prüfenden Körpers und sein Absorptionsgrad in diese Spektralbänder so hoch, dass das Glas undurchsichtig oder wenig transparent ist. Daraus ergibt sich wiederum eine Erwärmung des Glases, die für die Dauer der Prüfung oder bei ihrer Wiederholung zu berücksichtigen ist.

## Aktive Thermografie

Bei der zerstörungsfreien Prüfung von Bauteilen und Baugruppen mit der Infrarotthermografie ist es oft erforderlich, einen zusätzlichen Wärmefluss zu erzeugen. Dieser muss so herbeigeführt werden, dass eine Schädigung des Bauteils oder der Baugruppe verhindert wird. Es gilt der Grundsatz »die Gebrauchseigenschaften des Prüfgegenstandes dürfen nicht infrage gestellt oder zerstört werden«. Die thermografische Prüfung mit Anregung eines zusätzlichen Wärmeflusses wird aktive Thermografie genannt.

### Möglichkeiten der Anregung

Um einen nötigen zusätzlichen Wärmefluss hervorzurufen, kann Wärme von außen in das Bauteil gebracht oder im Bauteil selbst erzeugt werden. Beim Einbringen der Wärme von außen werden in Abhängigkeit vom Material, der Werkstückdicke, der Fehlerart und der Fehlerlage unterschiedliche Anregungstechniken angewandt. Ziel der Anregung ist es, das thermische Gleichgewicht zu stören und somit einen Wärmefluss hervorzurufen. Wird der Wärmefluss durch Defekte behindert, so kann das mit der Untersuchung mittels thermischer Kamera nachgewiesen werden.

Von außen kann die Wärme u. a. durch folgende Anregungstechniken eingebracht werden:

- optische Anregung
- Warm- und Kaltluftanregung
- mechanische Belastung
- Warm- und Kaltwasser
- Verdunstungskälte
- chemische Reaktionen.

Wärme kann auch im Bauteil selbst erzeugt werden. Hierbei entsteht die Wärme direkt am Defekt und das Umfeld wird nicht erwärmt. Diese Technik wird auch »Dunkelfeldtechnik« genannt, weil sich der Defekt hell vom dunklen Umfeld abhebt.

Anregungstechniken zur Erzeugung der Wärme im Bauteil sind u. a.:

- Ultraschallanregung
- Wirbelstromanregung
- elektrische Anregung.

### Anregung von außen

Die Anregung von außen kann durch unterschiedliche Messanordnungen erfolgen.

Bei der ersten erfolgt die Prüfung in Transmission. Hierbei befinden sich die thermische Kamera und die Anregungsquelle auf entgegengesetzten Seiten des Bauteils. Der Defekt schattet den Wärmefluss ab und zeigt sich auf der Aufnahme als Bereich mit geringerer Strahlung.

Die zweite Messanordnung ist die Prüfung mit Reflexion. Bei dieser Methode befinden sich Anregungsquelle und thermische Kamera auf derselben Seite des Bauteils. Bei dieser Messanordnung bildet sich über dem Defekt ein Wärmestau, der sich auf der Aufnahme als Bereich mit erhöhter Strahlung abzeichnet.

### Optische Anregung

Die optische Anregung kann z. B. mit Halogenstrahlern, Blitz und Laser erfolgen.

| Die Anregung mit Halogenstrahlern hat folgende Vorteile: | Nachteile sind: |
|---|---|
| einfach zu bedienen | »warme« Anregungsquelle |
| Gesamtenergie skalierbar | schlechte Fokussierbarkeit |
| Anregungszeiten von Sekunden bis Tagen | träge Anregung |
| sicher | |

| Bei der Anregung mit Blitz zeigen sich folgende Vorteile: | Als Nachteile sind zu nennen: |
|---|---|
| viel Energie in kurzer Zeit | »warme« Anregungsquelle |
| geeignet für große Flächen | sehr schlechte Fokussierbarkeit |
| geeignet für schnelle Vorgänge | Gesamtenergie beschränkt |
| einfache und sichere Handhabung | Blitz »leuchtet« etwas nach |

| Vorteile der Anregung mit Laser sind: | Nachteile sind: |
|---|---|
| gut ein- und ausschaltbar | teuer |
| sehr gut fokussierbar | hohe Sicherheitsanforderungen |
| sehr positionierbar | geringe Energie |
| hohe Leistungsdichten | |
| »kalte« Anregungsquelle | |

**Heiß- und Kaltluftanregung**

Bei der Anregung mittels Heiß- bzw. Kaltluft wird die Luft über oder durch das Bauteil geführt. Dabei wird u. a. mittels Wärmefluss eine Durchgängigkeit der Bauteilöffnungen überprüft.

| Vorteile dieses Verfahrens sind: | Nachteile sind: |
|---|---|
| einfach zu handhaben | träge |
| effektiv | Turbulenzeffekte |
| erreicht auch schwer zugängliche Stellen | |

### Anregung mit mechanischer Belastung

Die Anregung mit zyklischer mechanischer Belastung wird bei der thermoelastischen Spannungsanalyse eingesetzt.

| Vorteile sind: | Nachteile sind: |
|---|---|
| einsatzrelevante Anregung | aufwändig |
| thermoelastischer/-plastischer Effekt | nicht berührungslos |
| | Zerstörungsfreiheit nicht immer gewährleistet |

### Anregung von innen

Bei der Anregung von innen wird der Wärmefluss direkt am Defekt erzeugt. Dadurch ergibt sich die Möglichkeit der Dunkelfeldauswertung.

### Ultraschallanregung

Durch die Anregung mit Leistungsultraschall erfolgt ein Verschieben der Rissflächen zueinander und es kommt daraufhin zur Erwärmung des Risses, der dann sichtbar gemacht werden kann.

| Vorteile dieser Technik sind: | Als Nachteile sind zu erwähnen: |
|---|---|
| gut ein- und ausschaltbar | nicht berührungslos |
| Wärmeentstehung im Wesentlichen nur an Defekten (»Dunkelfeld«). | Zerstörungsfreiheit nicht immer gewährleistet |
| | Erwärmung der Einkoppelstelle |
| | unklare Ultraschallausbreitung |

### Wirbelstromanregung

Die Tatsache, dass wenn magnetische Feldlinien einen elektrischen Leiter schneiden in diesem ein Strom induziert wird, bewirkt, dass in elektrisch leitenden Materialien Wirbelströme entstehen. Da Wirbelströme Kurzschlussströme sind, erfolgt abhängig von der eingeleiteten Feldstärke, der Frequenz und der elektrischen und magnetischen Leitfähigkeit des Bauteils, ein Wärmefluss im Bauteil. Dieser Wärmefluss wird durch Defekte gestört.

| Vorteile dieses Verfahrens sind: | Nachteile sind: |
|---|---|
| gut ein- und ausschaltbar | nur für oberflächennahe Defekte |
| Wärmeentstehung im Wesentlichen nur an Defekten (»Dunkelfeld«) | nur für elektrisch leitende Materialien |
| | Wasserkühlung erforderlich |
| | Geometrieabhängigkeit |

**Elektrische Anregung**

Durch gezieltes Einschalten und Übersteuern von Stromkreisen kann ein Wärmefluss provoziert werden, der dann zum Nachweis von Defekten eingesetzt wird.

| Vorteile sind: | Nachteile sind: |
|---|---|
| sehr gut ein- und ausschaltbar | beschränkte Einsetzbarkeit |
| Wärmeentstehung im Wesentlichen nur an Defekten (»Dunkelfeld«) | |
| ideal für elektrisch betriebene Objekte | |

# 6 Technologie thermischer Kameras und Technologie von Thermografiesystemen

Ein thermografisches Messsystem besteht aus einer Gesamtheit von Geräten, die die Möglichkeit zur Aufnahme, Anzeige, Messung, Analyse und Verarbeitung der Darstellung einer Temperaturverteilung innerhalb einer thermischen Szene bieten. Damit wird der genormte Begriff eines »Messsystems« um die einzelnen Komponenten des Systems ausgedehnt- oder erweitert.

Das System besteht also aus einem Empfänger (der thermischen Kamera), einem Monitor oder Sucherbildschirm und einem Rechner für Bearbeitungsfunktionen und zur Bildausgabe.

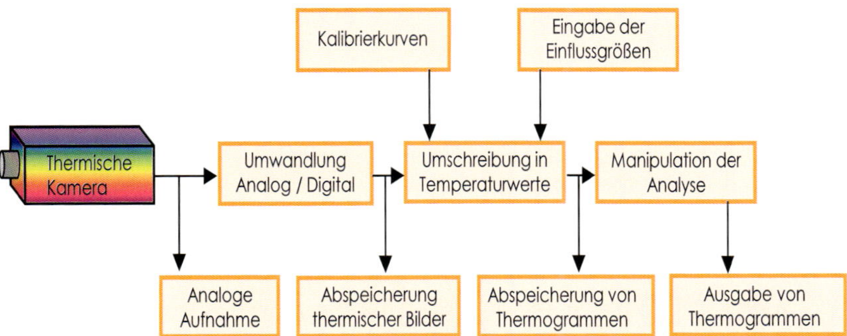


**Abb. 46:** Schema des thermografischen Messsystems

## Unterschiede in den Thermografie-Systemen

Die thermografischen Systeme werden aus einem einzelnen Teil (thermische Kamera) oder aus verschiedenen Einheiten bestehend angeboten.

Ein einteiliges System umfasst eine thermische Kamera mit integriertem Rechner, Signalstandardwandler, Monitor und/oder Sucher, Eingabetasten oder Touchscreen Display *(um Parameter einzugeben und einige Analysefunktionen anzuwenden)*, Speichervorrichtung *(Speicherkartenslot, Flashdisk oder ähnliches)*, eventuell sogar ein Aufnahmegerät *(Festplatte o. ä.)* und Batterie *(Akku)*.

Mit so genannten »einteiligen« oder auch »handgehaltenen« Kamerasystemen kann es Probleme geben, an »zu« hoch gelegene oder schlecht zugängliche thermische Szenen zu gelangen. *(Manchmal ist einfach »der Arm zu kurz«, die thermische Szene zu »gefährlich« oder der Auslöser nicht mehr zu errei-*

*chen).* Bis heute erlauben die wenigsten Kamerasysteme eine Echtzeit-Datenspeicherung, was die Zahl der möglichen ZfP-Anwendungen begrenzt. Dafür können diese Systeme problemlos überall hin mitgenommen und ohne Netzversorgungsanschluss sofort eingesetzt werden.

Ein mehrteiliges Kamerasystem, der externe Kamerakopf, erlaubt schwer zugängliche Einsätze. Ein solches System erlaubt die Anwendung in unwirtlicher Umgebung, die für den Prüfer eventuell zu gefährlich wäre. Der Fernbedienbarkeit und damit der Reichweite des Systems sind hierbei, im Zeitalter der »fast Ethernet« Übertragungen, kaum Grenzen gesetzt. Die Bildspeicherung erfolgt – in Echtzeit – direkt auf der Festplatte oder in dem RAM-Speicher des angeschlossenen PCs, mitunter sogar für hohe Bildwiederholfrequenzen im kHz Bereich. Fast alle einzelnen Komponenten sind an eine Netzspannungsversorgung gebunden. »Findige« Bastler konzipieren sich hier natürlich auch passende Akku-Packs.

**Kameras vs. thermische Bildgeber**

Hier werden grundsätzliche Unterschiede zwischen thermischen Kameras und thermischen Bildgebern erläutert.

Die wichtigsten Punkte zum schnellen Vergleich:

- Thermische Bildgeber liefern nur thermische Bilder, ohne Maßstab von Strahlungs- oder Temperaturwerten. Meist werden sie – fälschlicherweise – auch als Kameras bezeichnet. Gebräuchlich ist der Ausdruck »Nachtsichtgerät«, wobei hier natürlich nicht diejenigen mit Restlichtverstärker, sondern eben die thermischen Bildgeber gemeint sind. Typische Anwendungen sind die bekannten, »grünstichigen« Bilder aus den Überwachungskameras von Polizeihubschraubern.
- Thermische Kameras hingegen liefern thermische Bilder mit einem Maßstab von Strahlungs- oder Temperaturwerten. Die Besonderheit ist die radiometrische Datenübertragung – die Messung. Es sind messende thermische Bildgeber. Diese Geräte sind uns mittlerweile hinlänglich bekannt.

Bei einigen »billigen« thermischen Bildgebern besteht die Empfängermatrix aus pyroelektrischen Detektoren. Die Bilder können, je nach Empfängerqualität, matrixbehaftete Fehler aufweisen.

Thermische Bildgeber aus Mikro-Bolometern liegen zwar von den Kosten her wesentlich höher, solche Geräte sind aber für »langsame«, einzelbildgebende Untersuchungen und Messungen durchaus schon brauchbar.

Bei der Mehrzahl kostengünstiger, thermischer Bildgeber verfügen sehr oft die Einstellungen »Niveau« und »Bereich« zu Unrecht über die Bezeichnung »Licht« und »Kontrast«. Diese Einstellungen sind nicht genau erkennbar und die Funktionstasten »+« und »-« erlauben es nicht, diese Einstellungen vor einer erneuten Prüfung genau zu reproduzieren. Genau dann wird es »delikat«, Prüfungen miteinander zu vergleichen, bei denen die Einstellungen nach jedem erneuten Einschalten von der Anzahl der Tastendrücke abhängt. Leider sind diese Geräte wegen des geringen Preises am Markt sehr verbreitet. Im Allgemeinen liefern kostengünstige Bildgeber ein Videosignal zur Speicherung auf einem Rekorder oder einem PC mit Echtzeit-Bildabspeicherung. *(Das erfordert allerdings eine Bildkompression)*. Diese Art der Bildaufzeichnung bedarf dann zusätzlich einer Bildbearbeitungssoftware, um einen gewissen Analysekomfort zu gewährleisten. Natürlich gibt es auch hochwertigere thermische Bildgeber, die die vorhergehenden Nachteile nicht aufweisen und sogar über eine digitale Signalausgabe verfügen. Hochpreisige thermische Bildgeber befinden sich gegenüber thermischen Kameras trotzdem sehr oft in einer ungünstigeren Position.

Damit profitieren thermische Kameras, die zur Messung von Strahlung und Darstellung von Temperaturen geeignet sind, von einer höheren Funktionalität gegenüber thermischen Bildgebern.

### Die praktischen Aspekte

Unter die praktischen Aspekte beim Betrieb von Thermografiesystemen fallen der Nachteil und der Zwang zur Empfängerkühlung, die »Tragbarkeit« oder »Transportierbarkeit«, der Bedarf an Wartung, Kalibrierung und Eichung usw. Es handelt sich also schlicht um den Anwendungskomfort. Wir werden hier nur einige dieser Aspekte behandeln.

### Die Detektorkühlung – gekühlte Detektoren

Die Detektoren mancher so genannter »tragbarer« thermischen Kameras müssen gekühlt werden, um die thermische Auflösung deutlich zu verbessern, das heißt, um thermische Szenen mit schwachen Temperaturunterschieden bei niedrigen Temperaturen oder gewöhnlichen Temperaturen beobachten und messen zu können. Diese Detektoren werden »Quantendetektoren« genannt.

Das Abkühlen des Detektors kann durch flüssigen Stickstoff *(das ist allerdings kaum noch gebräuchlich)*, dekomprimierte Gase oder eben heute übliche, benutzerfreundliche, elektromechanische Kühler wie den »Stirling-Kühler« oder andere elektrische Kühler (z. B. Peltier) gewährleistet werden.

Viele thermische Kameras erfordern kein Abkühlen. Diese Detektoren werden »thermische Detektoren« genannt. Es sind heute zumeist LW-Kameras (langwellig), die mit ungekühlten Mikro-Bolometern ausgestattet werden. Jedoch sind auch so genannte »ungekühlte« kurz- und mittelwellig empfindliche Detektoren erhältlich. Der Vorteil ist also die Abwesenheit einer Abkühlung, die ein enormer Energieverbraucher ist. Nichtsdestotrotz werden die Bolometer dieses Kameratyps auf eine Temperatur von ca. 30 °C stabilisiert, ein Energieaufwand ist also auch hier nötig. Nur – der Energieaufwand, den Detektor auf ca. 30 °C zu halten ist wesentlich geringer als ihn auf Minusgrade zu kühlen.

Generell ist es vorteilhaft, dass der Empfänger bei der niedrigstmöglichen Temperatur arbeitet. Damit erhalten wir den besten Kompromiss zwischen der thermischen und der räumlichen Auflösung. Durch flüssigen Stickstoff und Stirling-Aggregate gekühlte Kameras liefern die besten Ergebnisse, sind aber wesentlich kostspieliger. In der Wartung und in der vorbeugenden Instandhaltung sind thermoelektrisch gekühlte oder »ungekühlte« Bolometer- bzw. Matrixkameras in der Regel ausreichend.

### Die Erfassung der thermischen Bilder

Es gibt einen grundlegenden Unterschied zwischen den Geräten, die thermische Bilder aufnehmen und denen, die Thermogramme aufnehmen. Bei Letzteren hat die Übertragung *(von den thermischen Bildern)* in Temperaturen *(= Thermogramme)* bereits bei der Aufnahme stattgefunden.

Diese Daten nennen wir »radiometrische Daten«. Im Grunde wird bei der Aufnahme also ein »Rohling« gefertigt, den wir später noch nahezu beliebig verändern oder bearbeiten können. (Bis auf die Fokussierung natürlich). Und das ist der »springende Punkt«. Verschiedene Einflussgrößen können zeitversetzt, also z. B. erst später im Büro, in die Software eingegeben werden, was einen guten Zeitgewinn am Messort darstellt.

### Die digitale und die analoge Bildaufzeichnung

Die digitale Aufzeichnung hat den Vorteil einer sehr guten Qualität. Die heute gebräuchlichen Geräte speichern die thermischen Bilder oder Thermogramme bequem auf interne Speicher, Speicherkarten oder externe Speichersysteme.

Analoge Geräte sind so gut wie nicht mehr erhältlich – sie sind aber »hier und da« noch zu bestaunen.

Bei einer Echtzeit-Bildabspeicherung muss die Erfassung auf einem Rechner oder auf einem digitalen Speichermedium entsprechender Kapazität und Schreibgeschwindigkeit erfolgen. Dies geschieht meistens in einer geeigneten Laborumgebung, da ein relativ hoher Aufwand betrieben werden muss. Es ist aber natürlich auch möglich, diesen Aufbau mobil zu betreiben.

Die Abspeicherung erfolgt nach zwei verschiedenen Mustern, im Bezug der zu erstellenden Dokumente:

Ziel: Die »unmittelbare« Bildausgabe (z.B. am externen Messort)

- Die Bildabspeicherung selbst ist dann in sich eine »Ausgabe«. Sie ist endgültig und kann nicht nachträglich bearbeitet werden. Sie zielt auf einen Bildschirmausdruck oder eine Video-Kopie ohne die Möglichkeit, die Thermogramme extern und nachträglich zu verändern. *(Datenübertragung nicht radiometrisch).*

Ziel: Die »zeitversetzte« Bildausgabe (z.B. im Büro)

- Eine Abspeicherung erfolgt auf einem (mitunter analogen) »Datenrekorder«, ohne weitere Bearbeitung. Die Ausgabe eines Thermogramms geschieht nachträglich per Bildschirmausdruck. Diese Methode ist von schwacher Qualität und veraltet.

Ziel: Die radiometrische Aufzeichnung

- Die Bildspeicherung erfolgt auf einem Speichermedium, dass auch in die Kamera integriert sein kann. Die radiometrischen Daten werden aufgezeichnet, können extern (mitunter auch intern) bearbeitet und umgewandelt werden.

Unser Hauptziel ist demnach die radiometrische Datenaufzeichnung.

Für Kamerasysteme, die mit 12, 14 oder 16 Bit Auflösung numerisch aufzeichnen, wird die zeitversetzte, thermische Neuausrichtung wesentlich vereinfacht. Voraussetzung ist allerdings, dass die Kamera keine »gesättigten« Bilder geliefert hat, der Messbereich passend eingestellt war und die Fokussierung stimmte.

### Die Bearbeitung der thermischen Bilder

Es hängt grundsätzlich von den Aufgaben, den individuellen Möglichkeiten und der gewünschten Flexibilität ab, ob eine Bearbeitung der Bilder durch eine interne Kamerasoftware oder durch eine externe Software notwendig oder gewünscht ist.

Wichtige Faktoren für die sofortige Bearbeitung vor Ort sind:

- die Art der gewünschten Farbskalierung des thermischen Bildes oder des Thermogramms
- Zeitmittelungsfunktionen, um das Rauschen der thermischen Bilder zu reduzieren.

### Die Thermografie als interdisziplinäre Technik

Die Thermografie ist eine interdisziplinäre Technik, die hauptsächlich Folgendes beinhaltet:

- Strahlung
- Optik
- Detektion von Strahlungen
- Elektronik
- Digitaltechnik und Informatik
- Signal- und Bildverarbeitung
- Thermik und Mechanik
- physikalische Messung
- Digital - Videotechnik
- multivariable Regelsysteme
- elektromagnetische Kompatibilität.

Der interdisziplinäre Aspekt ist für jede der einzelnen fachspezifischen Richtungen gegeben. Spezielle Anforderungen und Kenntnisse sind in allen Bereichen erforderlich. Besondere Sachkenntnis in den medizinischen und sicherheitsrelevanten technischen Bereichen (Sektoren) verstehen sich von selbst.

## Die zwei Ansätze der Thermografie

Die Thermografie kann aus zwei verschiedenen Blickwinkeln betrachtet werden, die zum selben Ergebnis führen. Es handelt sich hierbei »nur« um allgemeine Anmerkungen, die dazu dienen, die Messtechnik über der bildgebenden Technik zu positionieren.

Im Ansatz der Bilderzeugung geht man von einer gebräuchlichen Video- oder Digitalkamera aus, also einer Kamera, die im sichtbaren Spektrum funktioniert. Dabei kann man sich vorstellen, das Empfindlichkeitsspektrum dieser Kamera in Richtung Infrarot zu verschieben. So erhält man infrarot-empfindliche thermische Kameras mit einfacher Bilderzeugung, im Allgemeinen »thermische Bildgeber« genannt, die für die *Messung* jedoch ungeeignet sind. Wenn diesem Bildgeber die Fähigkeit hinzugefügt wird, empfangene Strahlungen zu messen, so entsteht daraus eine infrarot-empfindliche thermische Messkamera. Wir werden also klar zwischen thermischen Bildgebern (z. B. Infrarotsichtgeräten) und thermischen Kameras (Infrarotkameras) unterscheiden.

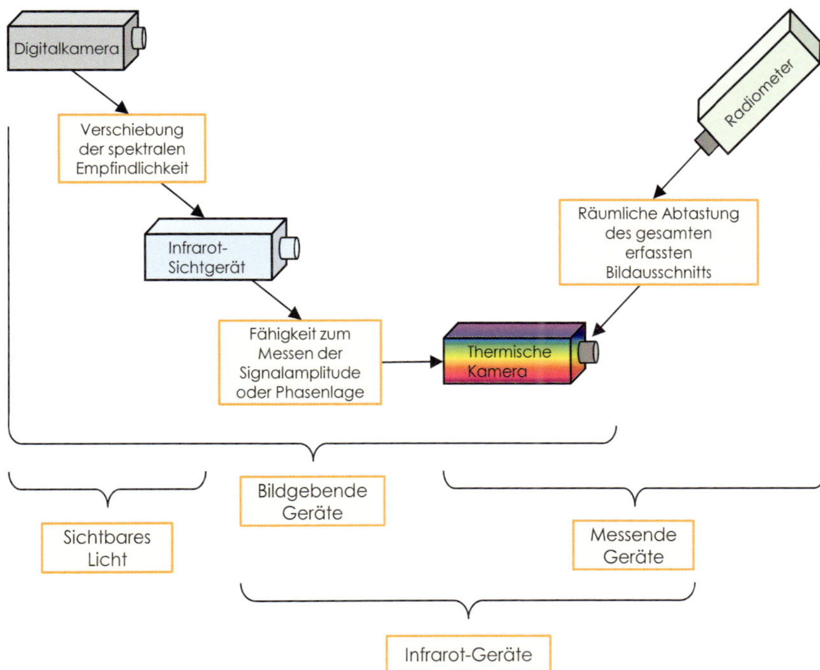


**Abb. 47:** Ansätze der Thermografie

Im Ansatz der thermografischen Messung geht man von einem Radiometer aus, das im Infrarotbereich funktioniert. Wird diesem Radiometer eine räumliche Abtastvorrichtung oder die Fähigkeit, eine zweidimensionale Szene über einen »flächigen« Detektor zu erfassen, hinzugefügt, so erhält man eine infrarot-empfindliche thermische Messkamera.

Wir werden natürlich aus Prinzip den zweiten Ansatz bevorzugen.

**In der nachfolgenden Darstellung sehen wir die brauchbaren Terminologien und das Schema des für die Thermografie angewandten Strahlungsthermometers.**

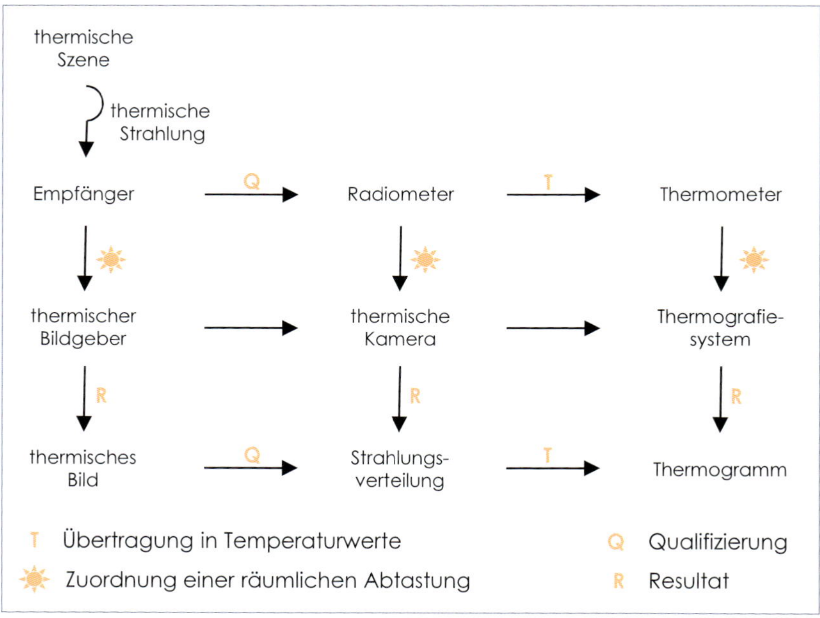


**Abb. 48:** thermische Szene, thermische Bilder, Übertragung in Temperatur, Thermogramm

Wir stellen fest, dass der Ausdruck »infrarotes Bild« nicht genormt ist. Das infrarote Bild befindet sich nämlich nur im Innern der Kamera (es ist das Bild, das durch die »infrarote Optik« gebildet wurde).

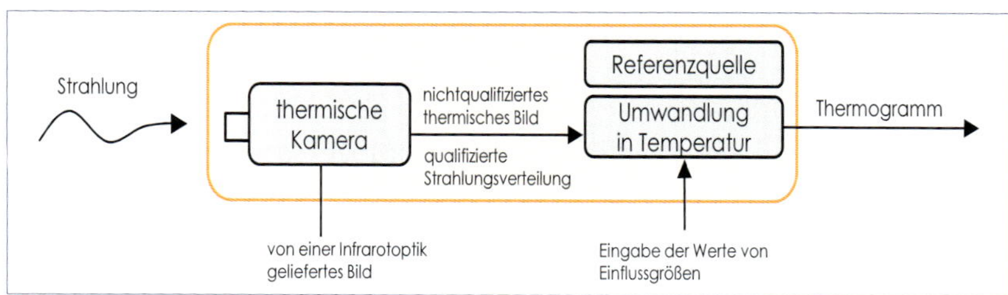


**Abb. 49:** die thermische Szene

Wir stellen ebenfalls fest, dass der (genormte) Ausdruck »Infrarotkamera« hier in der Regel nicht benutzt wird, da dieser Ausdruck nicht die Unterscheidung zwischen Geräten gewährleistet, die ganz unterschiedliche Ergebnisse liefern: thermische Bilder, Strahlungsdichteverteilungen oder Thermogramme.

### Die Messung mittels Thermografie

Diese Definition gilt im Allgemeinen für die industriellen Anwendungen und Labore, der normativen ZfP Bezeichnung für Thermografie, sowie für den größten Teil der Anwendungen der »zivilen«, nicht militärisch nutzbaren Thermografie:

Die Messung mittels Thermografie ist die Technik, die erlaubt, mithilfe von Geräten mit angemessenen instrumentellen Qualitäten, eine »Karte«, ein »Abbild der Strahldichten der flächigen Verteilung der beobachteten, thermischen Szene« zu erhalten. Der Arbeitsgang »Übertragung in Temperatur« ermöglicht es, ein Thermogramm von dieser gewonnenen Szene abzuleiten und als Dokument auszugeben.

Der thermische Bildgeber liefert nur Bilder ohne Messung (thermische Bilderzeugung) und die thermische Kamera eine thermische Messung mit Bild: allgemein »Thermografie«.

Die Messung mittels Thermografie ist gleichzeitig eine Technik zur thermischen Bilderzeugung, zur Ermittlung der Strahldichten einer bestimmten Wellenlänge und zur Messung und bildhaften Darstellung von Temperaturen.

### Die Techniken der Thermografie

Die Thermografie kann aufgrund ihrer Anregungs- und Auswertungstechnik unterschieden werden.

Bei den Anregungstechniken wird zwischen »aktiver« und »passiver« Thermografie unterschieden.

<table>
<tr><th>Techniken</th><th>aktiv</th><th>passiv</th></tr>
<tr><td>qualitativ</td><td colspan="2">Betrachtung der Strahlungsverteilung</td></tr>
<tr><td rowspan="2">vergleichend</td><td colspan="2">Ermittlung von Differenzgrößen</td></tr>
<tr><td>z.B. aus $\Delta\phi$</td><td>z.B. aus $\Delta T$</td></tr>
<tr><td rowspan="2">quantitativ</td><td colspan="2">Ermittlung von Absolutgrößen</td></tr>
<tr><td>z.B. aus $\phi$</td><td>z.B. aus T</td></tr>
</table>

**Abb. 50:** aktive und passive Thermografie

Bei der »passiven« Thermografie wird lediglich der Strahlungsfluss ausgenutzt, der durch die Eigenwärme des Prüfobjektes entsteht. Darunter fallen sowohl intern erzeugte Wärme *(z. B. in Öfen oder bei Elektrokomponenten und auch lebenden Körpern)* als auch die durch natürliche Wärmequellen extern eingebrachte Energie *(z. B. Aufheizung durch Sonneneinstrahlung oder Abkühlung durch Wind)*.

Bei der »aktiven« Thermografie wird durch zusätzlich eingesetzte Energiequellen *(z. B. Licht, Ultraschall, Warmluft, etc.)* ein Wärmefluss im Prüfobjekt erzeugt. Diese zusätzlichen Wärmequellen können einmalig, periodisch oder kontinuierlich einwirken.

In Abhängigkeit von der Anregungstechnik werden unterschieden:

- Transiententhermografie (z. B. Impuls, Cooling-Down)
- Modulationsthermografie (z. B. Lockin, Burst, Phasenthermografie)

In Abhängigkeit von der Auswertung werden unterschieden:

- Phasenwinkelthermografie bzw. Lockin-Thermografie (Darstellung von $\phi$ oder $\Delta\phi$)
- Differenztemperaturthermografie (Darstellung von T oder $\Delta$T)

Die so genannte »qualitative« Thermografie ist eine Technik, bei der bereits die Darstellung der flächenhaften Strahldichte bzw. scheinbaren Temperaturverteilung auf der Oberfläche des Prüfobjektes für eine Beurteilung des Prüfergebnisses ausreichend ist.

Zur erfolgreichen Durchführung der »qualitativen« Thermografie muss Folgendes beachtet werden:

- Wahl des geeigneten Temperaturmessbereichs und der geeigneten Kameraempfindlichkeit
- Wahl eines geeigneten Bildausschnittes *(zum visuellen Vergleich der Anzeige mit dem ungestörten Zustand)*
- Wahl eines geeigneten Blickwinkels *(zur Vermeidung von Reflexionen)*
- Kontrolle bzw. Minimierung von Störeinflüssen *(Fremdstrahlungsquellen, Luftzug, Feuchtigkeit)*
- Wahl eines geeigneten Objektives *(zur Einhaltung der geforderten geometrischen Auflösung)*
- sorgfältige Fokussierung des Bildes

- Wahl der geeigneten Darstellungsparameter *(Temperaturskala, Kontrast, Helligkeit, Farbpalette usw.).*

Die »vergleichende« Thermografie ist eine Technik, bei der die scheinbaren Temperaturdifferenzen oder Phasendifferenzen ausgewertet werden.

Diese Temperaturdifferenzen ergeben sich aus:

- Vergleich gleicher Prüfobjekte zu verschiedenen Zeitpunkten *(unter möglichst gleichen Bedingungen)*
- Vergleich unterschiedlicher (baugleicher) Prüfobjekte unter den gleichen Bedingungen.

Typische Beispiele für die Anwendung von vergleichender aktiver Thermografie sind Nachweise von verdeckter lokaler Korrosion in Metallen oder von oberflächenparallelen Bindefehlern *(z. B. Delamination in GfK Werkstoffen)*. Zur erfolgreichen Durchführung der vergleichenden Thermografie muss zusätzlich zu den bei der qualitativen Thermografie aufgeführten Kriterien noch Folgendes beachtet werden:

- Wahl des gleichen Bildausschnittes wie bei der Referenzmessung.

Bei der »vergleichenden passiven« Thermografie ist zu beachten:

- Abschätzung der Mess-Parameter *(Emissionsgrad, reflektierte Temperatur usw.)*
- die zeitliche Stabilität der Temperaturkalibrierung der thermischen Kamera.

Die »quantitative« Thermografie ist eine Technik, bei der aus den gemessenen Strahlungswerten Temperaturen oder Phasenwinkel bestimmt und ausgewertet werden.

*(Bei der passiven Thermografie ist der Aufwand für eine quantitative thermografische Prüfung höher als für eine qualitative.)*

Die quantitative Prüfung auf Basis der Temperaturmessung setzt eine umfassende Kenntnis der Materialparameter *(Emissionsgrad, Rautiefe)* und deren Zusammenhänge *(Temperaturabhängigkeit)*, der Messparameter *(Wellenlängenbereich)* und der Umgebungsparameter *(z. B. Umgebungstemperatur)* voraus.

## Prüfung und zerstörungsfreie Prüfung

Die Prüfung ist der technische Vorgang, der aus dem Ermitteln eines oder mehrerer Merkmale eines Produktes, eines Prozesses oder einer Dienstleistung nach einem festgelegten Verfahren besteht. Die Prüfung kann in unterschiedlichen Betriebszuständen durchgeführt werden. Eine genaue Kenntnis der Prüfbedingungen ist für eine erfolgreiche und qualitativ hochwertige Prüfung unabdingbar.

Bei der Prüfung wird zwischen »zerstörender« und »zerstörungsfreier« Prüfung unterschieden.

Während die zerstörende Prüfung ausschließlich außerhalb des Betriebszustandes durchgeführt wird und zu einer Zerstörung des Prüflings oder Prüfstückes führt, kann eine zerstörungsfreie Prüfung bei den unterschiedlichsten Betriebszuständen durchgeführt werden. Die zerstörungsfreie Prüfung beeinträchtigt die Gebrauchseigenschaften des Prüflings oder Prüfstückes nicht.

Einige Verfahren der zerstörenden Prüfung sind u. a. Zugversuche, Härteprüfungen und chemische Analysen. Zu den zerstörungsfreien Verfahren zählen unter anderem die Sichtprüfung, die Durchstrahlungsprüfung und die Thermografie.

## Die radiometrische Kette

Die Funktion von thermografischen Systemen wird durch die radiometrische Kette, Messobjekt - Atmosphäre - Thermografiesystem, veranschaulicht. Die Hauptbestandteile der radiometrischen Kette sind das Messobjekt mit seiner unmittelbaren Umgebung, das Thermografiesystem *(die thermische Kamera)* und die Übertragungsstrecke zwischen beiden. Alle Bestandteile der radiometrischen Kette haben einen nicht zu unterschätzenden Einfluss auf das Ergebnis der thermografischen Prüfung.

Um die Einflüsse des Thermografiesystems auf das Ergebnis der thermografischen Prüfung zu erkennen muss es als Signalkette definiert werden.

Die Signalkette besteht aus der Infrarotoptik *(dem Objektiv)*, dem Abtastsystem *(z. B. optomechanisch über Spiegel)*, dem Infrarotempfänger *(Detektor)*, der Signalverarbeitung *(dem internen Rechner)* und der Anzeigeeinheit *(dem Bildschirm oder Sucher)*.

Die Infrarotoptik als optisches System hat die Aufgabe, die vom Messobjekt ausgesandte Strahlung auf dem Empfänger - dem Detektor - zu »sammeln« und dortin zu projezieren. Dabei sollte natürlich die gewünschte thermische

Auflösung im Objekt mit der notwendigen räumlichen Auflösung gewährleistet sein. *(Abhängig von der Bauform des Detektors kann ein optomechanisches Abtastsystem notwendig sein. Hierbei handelt es sich um ein Spiegelsystem, dass ein Abtasten des erfassten Bildausschnitts ermöglicht. Es ist allerdings heute kaum noch gebräuchlich).* Als Infrarotdetektoren kommen thermische Quantendetektoren in den unterschiedlichsten Bauformen zum Einsatz. Durch die Signalverarbeitung wird das Detektorsignal *(ggf. durch eine Abtastbewegung)* zu einem radiometrischen Bild zusammengeführt. Die Anzeigeeinheit ermöglicht die Darstellung dieses Bildes mit allen für die Prüfung wichtigen Informationen.

Die Infrarotoptik »bildet« also das Bild der beobachteten thermischen Szene. Ein thermisches Bild zu erzeugen heißt, eine quantifizierbare Darstellung der aus der thermischen Szene kommenden Strahlungsverteilung zu erhalten, mithilfe einer angemessenen oder notwendigen Bearbeitung des thermischen, radiometrischen Signals.

Wir interessieren uns an dieser Stelle weniger für die Technologie der thermischen Kameras, insbesondere nicht für herstellerspezifische Geräteeigenschaften - sondern werden nur auf die grundlegenden Prinzipien eingehen. Die für die zerstörungsfreie Prüfung brauchbare thermische Kamera ist grundsätzlich ein thermischer Bildgeber, der in einem bestimmten Spektralbereich für Infrarotstrahlung empfindlich ist. Ein komplexes Messgerät, das auf einem Radiometer basiert.

### Das Radiometer

Ein Radiometer besitzt in der Regel ein Objektiv oder eine einfache Linse. Hierdurch werden die elektromagnetischen Strahlen auf einen Strahlungsempfänger konzentriert. Der Strahlungsempfänger liefert ein Signal, das durch eine Elektronik verarbeitet wird. Es gibt je nach gewünschten Leistungsspektren, nach gewünschter thermischer Empfindlichkeit, verschiedene Detektor- und Kameratypen.

Der Strahlungsempfänger besteht aus einem Material, das auf eine Strahlung empfindlich reagiert. Er liefert eine Spannung, die proportional zur erhaltenen, eingegangenen Strahlungsleistung ist. Damit der Strahlungsempfänger überhaupt Strahlung empfangen und ein Signal liefern kann, muss er eine hierfür geeignete Oberfläche besitzen.

Der Strahlungsempfänger beobachtet über die Optik eine Oberfläche »$\Delta S$« einer thermischen Szene. Diese Oberfläche »$\Delta S$« ist eine Funktion der Dimension des Empfängers, der Brennweite der Linse oder Optik »f« und der Distanz »D«. Funktion insofern, als das die Optik in der Regel nur einen Teilausschnitt der Gesamtszene darstellen kann.

In der Thermografie wird der Raumwinkel, mit dem das Radiometer die Oberfläche »ΔS« sieht, »IFOV« genannt: **I**nstantaneous **F**ield **O**f **V**iew.

Der Strahlungsempfänger erhält also »nur« die Strahlung von der (Teil-) Oberfläche »ΔS«. Er liefert ein Signal, dessen Wert von der scheinbaren Temperatur dieser Oberfläche abhängt. Bei der Auswahl eines geeigneten thermischen Kamerasystems ist aus diesem Grund die Verwendung von bestimmten, der Messaufgabe angepassten Objektiven und/oder Filtern ein weiterer wichtiger Aspekt.

## Die zweidimensionale Erfassung einer thermischen Szene

### Das Radiometer, die thermische Kamera mit optomechanischer, räumlicher Abtastung

Wenn die Strahlung von einem zweiten Teilausschnitt einer Oberfläche ΔS gemessen werden soll, die sich neben der vorhergehenden befindet, wird entweder die optische Achse des Radiometers manuell verschoben *(»manuelle Abtastung« z. B. durch drehen/schwenken des Statives)* oder man lässt einen internen Spiegel am Radiometer schwenken, um die Strahlungsrichtung zu ändern und sie auf den Empfänger zu lenken *(optomechanische Abtastung). (Letzteres System wird in der Praxis kaum noch angewandt).* Dementsprechend wird das Gerät »Radiometer mit räumlicher Abtastung« oder »thermische Kamera« genannt. Das Signal, das es liefert, heißt dann »radiometrisches, thermisches Signal«. Wird ein in die thermische Kamera integrierter Spiegel ununterbrochen geschwenkt, entsteht eine kontinuierliche räumliche Abtastung der thermischen Szene entlang einer Linie. Wir nennen das dann eine »Zeilenabtastung«. Diese Abtastung erfolgt auf einem Liniensegment, das von der thermischen Kamera unter einem bestimmten Winkel gesehen wird. So kann der horizontale Beobachtungswinkel »A« der thermischen Szene definiert werden.

Die zweite Dimension wird erzeugt, indem die abgetastete Linie minimal parallel zu sich selbst verschoben wird. Dies wird durch einen zweiten Spiegel gewährleistet. Es ist die Teilbildabtastung entlang einer »zweiten Linie« oder »vertikale« Abtastung. Damit wird die thermische Szene über zwei Winkeln beobachtet, die das »FOV« bilden, das »**F**ield **O**f **V**iew«.

So wird verständlich, warum zum Beispiel über ein Objektiv mit 15° × 22° gesprochen wird. Die thermische Szene kann natürlich auch aus anderen horizontalen und vertikalen Winkeln und Verhältnissen beobachtet werden, z. B. 20° × 15°. Diese Angaben hängen immer von der Konzeption des Objektives und der thermischen Kamera ab. Im Gegensatz zur Fotografie, wo es beispielsweise das Filmformat 24 x 36 mm oder »35 mm« gibt, existieren in der Infrarotthermografie keine Standardformate für Detektoren. Deshalb sind Brennweitenangaben bei Infrarot-Objektiven relativ nichtssagend und bieten kaum Nutzen für die Praxis. Es muss immer mindestens eine zusätzliche Information herangezogen werden, um das »FOV« zu ermitteln.

Der optomechanische Abtastungsmechanismus wird auch – wie im englischen – »Scanner« genannt. Die räumliche Abtastfrequenz ist hierbei gleich der Analysefrequenz. Es gibt allerdings einen Unterschied zwischen der Zeilenfrequenz und der Einzelbildfrequenz *(Analysefrequenz)*. Die Kamera analysiert die thermische Szene in einer Reihe von Einzelbildern, die ihrerseits wiederum aus Linien bestehen. Die Analysefrequenz ist also nicht identisch mit der Bildaufbau- oder Wiedergabefrequenz. *(Hier gibt es auch wieder Verwechslungen bezüglich der Begriffe »Bildrate« oder »Bildratenangabe« bei verschiedenen Herstellern).* Deshalb unterscheidet man zwischen dem thermischen (radiometrischen) Signal und dem Videosignal.

Klassische thermische Kameras, die auf nur einem Empfänger und einem Scanner mit räumlicher Abtastung basieren, sind kaum noch im Gebrauch. Die meisten Hersteller wählen andere technologische Lösungen.

### Das Radiometer, die thermische Kamera mit elektronischer, räumlicher Abtastung

Detektormatrixen liefern radiometrische Signale, die elektronisch in Sequenzen ausgelesen werden. Die Matrix *(engl. das »Array«)* wird hierzu in die Brennebene des Objektivs, den »Focal Plane«, gesetzt. Daher der Name »Focal Plane Array« oder »FPA«. Die Anzahl der auf der Matrix befindlichen Messpunkte entspricht der Angabe in »Pixel«. Es handelt sich also um eine »Projektionsfläche«, auf die die thermische Szene aufgebracht und von der sie detektiert wird. Diese Matrixen werden aus unterschiedlichen Materialien hergestellt. Thermische Kameras mit Detektormatrixen sind serienmäßig seit den 1990ern verfügbar. Da sie keinen mechanischen Scanner mehr benötigen, erlauben sie eine erhebliche Reduzierung des Gewichts und eine Erhöhung des „optischen Wirkungsgrads«. Die Bilddarstellung entspricht der moderner Videokameras.

Diese »neue« Generation von thermischen Kameras ersetzte schnell die Kameras mit klassischer Technologie, insbesondere für die Anwendungen im Wartungs- und vorbeugenden Instandhaltungsbereich. Netzunabhängiger Betrieb durch leistungsstarke Akkus, geringes Gewicht, Wechselobjektive und viele andere zeitgemäße Neuerungen haben die klassischen Kameras vom Markt verdrängt. Diese heute aktuellen thermischen Kameras sind zudem viel »einfacher« zu planen und herzustellen. Dennoch gibt es nach wie vor Einsatzgebiete, wo Zeilenkameras und klassische Kameras von Vorteil sind.

## Infrarot Optiken

Normales Glas ist im mittleren und thermischen Infrarot einfach undurchsichtig und deshalb für die Anfertigung von Linsen unbrauchbar. In diesem Wellenlängenbereich muss man zu Sondermaterialen wie Kristallen (z.B. Calziumfludrid) und Halbleitermaterialien (z.B. Silizium und Germanium) greifen. Da Optikmaterialien für das thermische Infrarot einen extrem hohen Brechungsindex aufweisen, wirken sie sehr flach und benötigen zudem eine sehr aufwändige Antireflexvergütung. Aus diesem Grund sehen die Optiken thermischer Kameras sehr ungewöhnlich aus.

**Abb. 51:** Infrarot-Optik-Materialien

Im Gegensatz zu den Linsen kann im gesamten Infrarotbereich mit ganz gewöhnlicher Spiegeloptik gearbeitet werden. Ganz normale Spiegelschichten aus Aluminium funktionieren mit fast 99-prozentigem Wirkungsgrad. Wird eine noch höhere Reflektivität gewünscht, so ist Gold das Material der Wahl. Wegen der sehr langen Wellenlängen im Infrarot sind die üblichen Schutzschichten gegen Verkratzen problemlos zu verwenden.

Der so genannte Treibhauseffekt hängt mit dem thermischen Infrarot zusammen. Unter diesem Effekt versteht man den Vorgang, bei dem sichtbares Sonnenlicht vom festen Erdboden und ein wenig auch von unserer Lufthülle absorbiert wird und sich die aufgefangene Energie durch Temperaturerhöhung auswirkt. Nun strahlt jeder warme Körper wiederum Licht in den kalten Weltraum ab, aber aufgrund des Wien'schen Gesetzes im thermischen Infrarot. Genau da liegt das Transparenzfenster der Erdatmosphäre.

Schiebt man nun ein Stück Glas zwischen Himmel und Erde, so ist dieses thermische Infrarot-Fenster versperrt, weil Glas im Langwellen-Infrarot undurchsichtig ist. Die Wärme kann nicht mehr entweichen und der Raum unter dem Glas erwärmt sich stark. Nun haben Gase wie Kohlendioxid, FCKW und Schwefelhexafluorid die gleichen Eigenschaften wie Glas. Sie versperren dem kühlenden Infrarot den Weg und wirken so wie ein gigantisches Glashaus. Wenn sich zuviel von diesen Gasen in der Lufthülle ausbreiten, dann könnte es auf dem Globus schnell zu warm werden.

**Objektive**

Für die meisten thermischen Kamerasysteme stehen mehrere Objektive zur Verfügung. Man kann in Weitwinkel-, Normal- und Teleoptiken unterscheiden. Die Wahl des Objektivs ist abhängig von der Entfernung zum Messobjekt und der erforderlichen geometrischen Auflösung des Messfleckes. Der Messfleck wird größer, je größer der Öffnungswinkel des Objektivs bzw. je weiter das Messobjekt entfernt ist. Für Infrarotoptiken werden Linsen- und Zweispiegelsysteme verwendet. Da bei einer IR-Optik neben der räumlichen Auflösung auch die thermische Auflösung eine wichtige Rolle spielt, ergeben sich zwischen den beiden Systemen deutliche Unterschiede.

Linsenoptische Systeme bestehen aus Linsen, die einen möglichst großen Transmissionsgrad (1) für den jeweiligen Wellenbereich haben sollten. Zu geringe Transmissionsgrade vor jeder Brechung führen zu Absorptionen und Reflexionen und damit zu thermischen Verlusten in der Linsenoptik. Aus diesem Grunde werden Optiken vergütet, um Reflexionsverluste zu minimieren, was jedoch zu einer wellenlängenabhängigen Veränderung des Transmissionsgrades führt.

Zusätzlich kommt es bei kleinem Bildfeldwinkel (FOV) zu einer Vergrößerung der Baulänge des Objektivs. Bei Spiegeloptiken wird aufgrund der Reflexion vom Hauptspiegel zum Fangspiegel hin, die Bauform deutlich verkürzt. Dies hat prinzipiell den Vorteil einer besseren, thermischen Stabilität des gesamten optischen Systems.

**Abb. 52:** Infrarot-Objektiv

### Autofokus

Verschiedene Gerätehersteller werben mit der Funktion »Autofokus«. Dieser so genannte Autofokus darf jedoch nicht mit dem aus der Fotografie bekannten verglichen werden. Eine optische Autofokusfunktion benötigt zum Abgleich, dem »Scharfstellen«, verschiedene Prismen. Die Infrarotoptik besteht naturgemäß aus IR-transparenten Materialien ohne nennenswerte Brechung. Prismen, die über alle Wellenlängen gleiche Brechungseigenschaften besitzen, gibt es für diese (IR) Wellenlängenbereiche schlichtweg nicht. Aber genau diese Brechung der Prismen ist es, auf deren Basis ein Autofokus funktioniert und ohne die er nicht zu bewerkstelligen ist. Die bei den thermischen Kameras »gemeinten« Autofokus-Funktionen basieren lediglich auf einem Vergleich der »Messunschärfe« zweier paralleler Linien, die die Gerätesoftware erkennen kann. Die Software erkennt die Drift der provozierten Unschärfe und regelt sie auf den kleinsten Wert, von dem dann angenommen wird, das Bild sei »scharf«. Deswegen »läuft« der Objektivmotor auch mehrmals vom Bereich der negativen zur positiven Unschärfe und »pendelt« sich ein. Der Erfolg eines »Treffers« ist fraglich. Von einem Autofokus kann also im herkömmlichen, technischen Sinne keine Rede sein.

### Prinzip der Spiegeloptik

Da die Transmissionsverluste bei einem System mit Spiegeloptik auf die – wenn überhaupt vorhandene – Eintrittslinse begrenzt bleiben und nur noch der Reflexionsgrad »p« der Spiegel zur weiteren Verringerung der thermischen Auflösung führt, ist generell mit einer besseren thermischen Auflösung zu rechnen. Als Spiegel werden metallbedampfte Gläser oder Glaskeramiken verwendet. Da der Aufwand für Konstruktion und Fertigung einer guten Spiegeloptik sehr groß ist, beschränkt sich die Anwendung dieser Optiken überwiegend auf den militärischen und astronomischen Bereich.

Abb. 53: Infrarot-Spiegel

### Brennweite und Blende

Die in Millimetern angegebene Brennweite »f« kennzeichnet den Abstand zwischen der Hauptebene und der Brennebene des optischen Systems. Die Brennebene ist die Ebene, in der das reale optische Bild erzeugt wird und in der sich normalerweise der Empfänger oder die Empfängermatrix befindet. Die einheitenlose Blendenzahl k gibt den Quotienten zwischen der Brennweite f und dem Öffnungsdurchmesser bzw. dem Durchmesser der Eintrittspupille DEP an: k = f/ DEP.

Häufig wird auch der Kehrwert der Blendenzahl angegeben: Die relative Öffnung 1/k, weil dadurch die Helligkeitsverhältnisse verständlicher werden. Die Relation ist quadratisch. Beispiel: Eine halbe Blendenöffnung vermindert die Lichtintensität um ein Viertel; eine Viertel Blendenöffnung (1/4) vermindert die Lichtintensität um ein Sechzehntel usw.

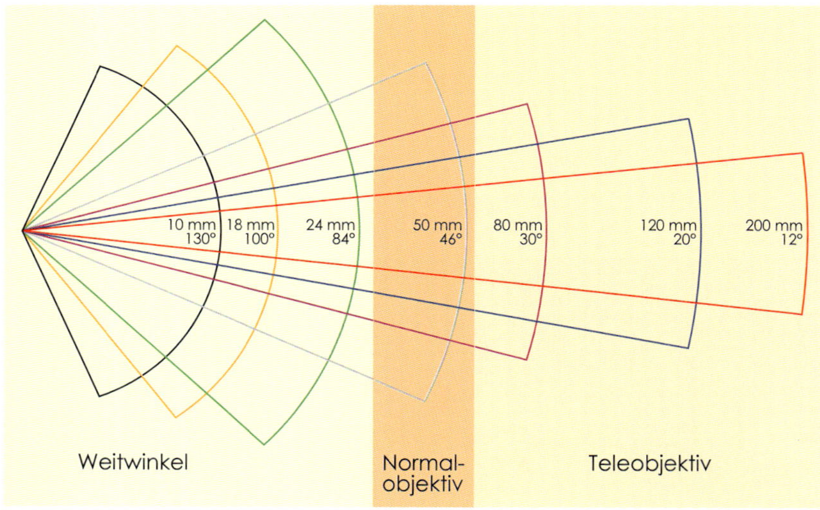


**Abb. 54:** Skizze zur Brennweite

## Filter

Infrarotstrahlung unterliegt den gleichen physikalischen Gesetzmäßigkeiten wie sichtbares Licht. Reflexionen, Emissionen und Transmissionswerte können sich jedoch bei dem gleichen Messobjekt in verschiedenen Wellenlängenbereichen erheblich unterscheiden. Reflexionen sind bei der Infrarot-Messung von der Oberflächenbeschaffenheit des Materials (glatt oder rauh), also der Rautiefe, jedoch kaum von der Farbe (wie bei optischem Licht) abhängig. Schnee ist dafür ein gutes Beispiel: Er reflektiert in sehr hohem Anteil Strahlung im optischen Wellenlängenbereich, der Emissionsgrad im IR-Bereich liegt bei nahezu 1. Als weiteres Beispiel: Eine normale Fensterglasscheibe, die für optisches Licht nahezu vollständig durchlässig ist, hat nur einen geringen

Transmissionsgrad für infrarotes Licht. Diese Effekte kann man durch geeignete Filter zur selektiven Transmission, selektiven Absorption oder zur Strahlungsbegrenzung nutzen. Verwendet werden z. B. Glasfilter, Hochtemperaturfilter und Kohlendioxid-Filter. Die letzten beiden Filter erlauben im Kurzwellen-Bereich eine Messung durch Flammen hindurch sowie auf der Flamme (Emission der $CO_2$-Anteile). So werden für thermografische Messungen an Glasoberflächen spezielle Glasfilter eingesetzt. Glasfilter erfassen die Infrarotstrahlung in einem engen Wellenband, wo keine Transmission und keine Reflexion auftritt.

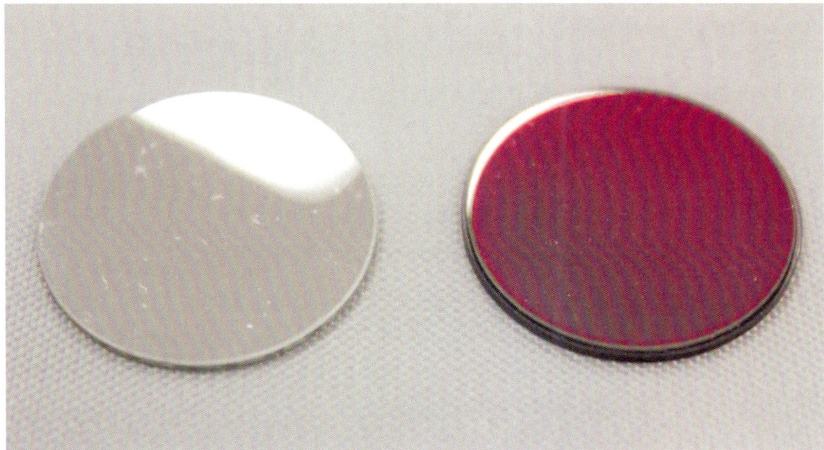

**Abb. 55:** Infrarot-Filter

## Aufbau der thermischen Kamera

Die Hersteller von thermischen Kameras mit eingebautem Bildschirm und/oder Sucher müssen prinzipiell einen Kompromiss zwischen der Vielzahl an Temperaturmessbereichen und der größten Veränderung von Werten des thermischen Signals innerhalb jedes einzelnen Bereichs finden. Hier kommt der Begriff der Kameraempfindlichkeit zur Sprache. Der Begriff »Empfindlichkeit« wird im wahrsten Sinne des Wortes gebraucht – nach der internationalen Norm (ISO) über grundlegende Begriffe der Messtechnik. Es ist das Verhältnis der Veränderung des Ausgangssignals *(dem thermischen Signal)* und der Veränderung des Eingangssignals *(der scheinbaren Temperatur)*. Je höher die Empfindlichkeit ist, umso mehr wird die Messung des Strahlungsflusses (also letztendlich der Temperatur) sichergestellt und umso »sauberer« und »rauschfreier« wird das Bild sein. Bevor man die thermische Anpassung durchführt, wird man immer die Konfiguration wählen, die die beste Empfindlichkeit, also die beste Qualität der Messung, ergeben wird. Hier wird die große Bedeutung der Kalibrierkurven klar und dass diese für eine optimale Wahl der Konfiguration zur Verfügung stehen sollten. Aktuelle Systeme erlauben den Messbereich und die Messbereichs-Endwerte direkt auszuwählen, ohne sich viele Gedanken über die Konfiguration und ihre Auswirkungen machen zu müssen. *(Die Informationen über die Vorgänge zur Erlangung dieser Messbereichs-Endwerte (»Belichtungszeit«, »Blende«, grauer oder spektraler Filter usw.) sind hierbei leider nicht immer verfügbar).*

Die manuelle Auswahl der Konfiguration trifft der Prüfer nach folgenden Kriterien:

- die Dimensionen der zu beobachtenden thermischen Szene
- den zu messenden Temperaturen
- Besonderheiten der zu beobachtenden thermischen Szene.

Die Wahl des Objektives hängt von den Dimensionen der zu beobachtenden thermischen Szene und von der Distanz ab, an der die thermische Kamera für diese Beobachtung aufgestellt werden kann. Herstellerspezifische Tabellen helfen mitunter bei der Objektivauswahl.

### Die thermografischen Detektoren

Die Strahlungsempfänger *(Detektoren)* werden als die wichtigsten Elemente der thermografischen Geräte bezeichnet, da sie die Wandlung der unsichtbaren Infrarot-Strahlung in auswertbare Signale übernehmen. Um eine thermische Szene aufzuzeichnen und zu archivieren, ist eine Umwandlung der thermischen in eine elektrische Information erforderlich. Für die Detektoren ergeben sich drei Hauptforderungen:

- Wandlung des einfallenden Strahlungsflusses in eine Spannung oder einen Stromfluss
- Wandlung mit einer kurzen Zeitkonstante zum Aufbau von Echtzeitbildern
- kleine Pixelgröße zur Gewährleistung einer hohen räumlichen Auflösung.

## Detektorarten

Die verwendeten Detektoren werden nach Art der Erfassung des einfallenden Strahlungsflusses in thermische Detektoren und Quantendetektoren unterschieden. Thermische Detektoren wandeln den einfallenden Strahlungsfluss über eine Hilfsgröße in ein elektrisches Signal um. Aufgrund des relativ langen Weges zum Signal sind thermoelektrische Detektoren für die Erfassung schnell ablaufender Vorgänge und sehr kleiner Strahlungsdifferenzen weniger geeignet. Ein Vorteil ist jedoch, dass diese Detektoren bei stabilisierter Raumtemperatur betrieben werden können. Die wichtigsten thermischen Detektoren sind der pyroelektrische Detektor und das Widerstandsbolometer. Höhere thermische und zeitliche Auflösung wird durch Quantendetektoren erreicht. Bei ihnen erzeugen die auftreffenden Infrarot-Photonen direkt ein Signal. Allerdings erfordern Quantenempfänger einen hohen Kühlaufwand, denn sie werden bei ca. 77 K betrieben.

### Der pyroelektrische Detektor

Bei einem pyroelektrischen Detektor befindet sich ein so genanntes Pyroelektrikum zwischen zwei Elektroden. Bei Temperaturänderungen ändert sich die Polarität und somit die Ladung, was zu einer Spannungsänderung führt. Diese Spannung steht am Ausgang als strahlungsproportionales Signal zur Verfügung. Aufgrund der Stoßempfindlichkeit der Detektoren, Detektormaterial hat einen Piezoeffekt, ist der Einsatz in transportablen Geräten eingeschränkt.

**Abb. 56:** pyroelektrischer Detektor

### Das Widerstandsbolometer

Bei einem Bolometer wird durch das Auftreffen der Photonen eine Widerstandsänderung bewirkt. Diese führt zu einer Spannungsänderung, die am Ausgang als Signal zur Verfügung steht.

**Abb. 57:** Widerstandsbolometer

### Der Quantendetektor

Infrarot-Quantenempfänger (Photonen- oder Halbleiterempfänger) nutzen den inneren photoelektrischen Effekt und fungieren als Photonenzähler. Durch die Zusammenschaltung mehrerer Quantendetektoren zu einem QWIP-Detektor wird eine weitere Erhöhung der zeitlichen und thermischen Auflösung erreicht.

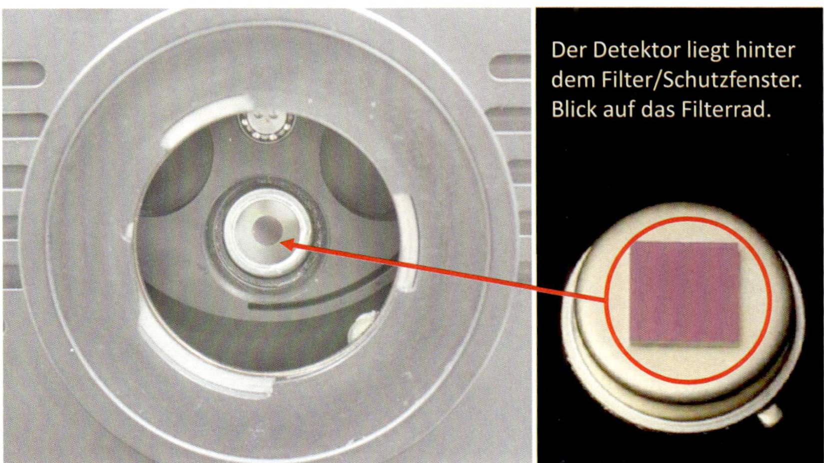


**Abb. 58:** Quantendetektor

**Die Detektorkühlung**

Da die Detektoren nicht nur die durch die Optik bereitgestellten Photonen registrieren, sondern auch die Photonen aus ihrer unmittelbaren Umgebung, ist eine Kühlung der Umgebung des Detektors erforderlich. Dabei kommen die Flüssiggaskühlung, thermoelektrische Kühlung und Stirlingkühler zum Einsatz. Flüssiggaskühlungen mit flüssigem Stickstoff werden aufgrund der geringen Mobilität nicht mehr in der Industrie eingesetzt. Bei Quantendetektoren kommen aufgrund der geringen Betriebstemperatur von 77 K Stirlingkühler zum Einsatz. »Ungekühlte« Detektoren werden mittels thermoelektrischer Kühlungen (z. B. Peltier Element) auf eine feste Temperatur stabilisiert.

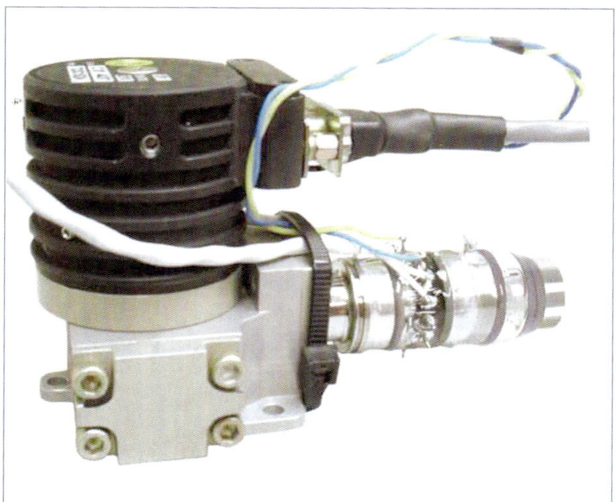

**Abb. 59:** Stirling Kühler

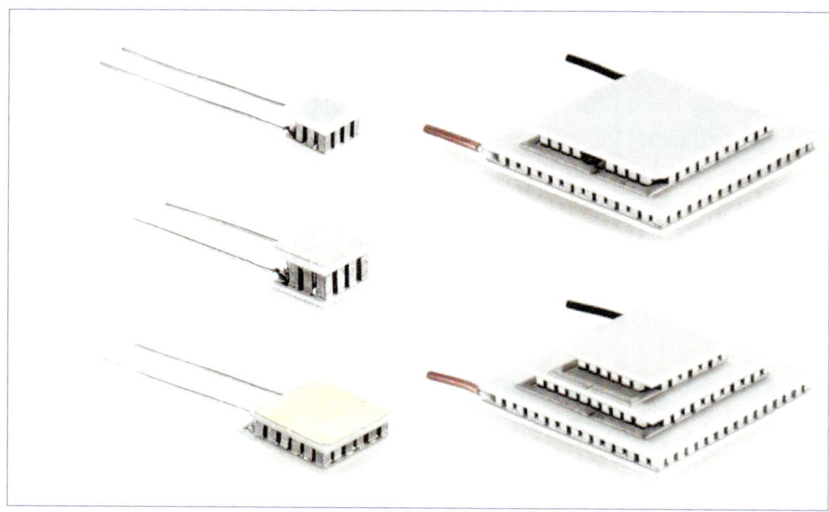

**Abb. 60:** Peltier Element

## Einsatzbereiche der Detektoren

Jeder Detektortyp ist für einen bestimmten spektralen Bereich ausgelegt und hat in diesem seine größte Empfindlichkeit. Thermische Kameras mit Detektoren, die im Bereich von 3 – 5 µm empfindlich sind, werden umgangssprachlich

MW-Kameras genannt. Bei ihnen sind vorwiegend Quantendetektoren im Einsatz. Die im Bereich von 8–14 µm empfindlichen thermischen Kameras werden umgangssprachlich als LW-Kameras bezeichnet. Sie sind in der Regel mit thermischen Detektoren ausgerüstet. Aber es gibt auch hier natürlich etliche Ausnahmen bez. Konstellation und Empfindlichkeit der Geräte. Heute ist es möglich, verschiedene, auch sich in den Wellenlängen überlagernde, empfindliche Detektoren zu fertigen. Dabei können die Ausgaben auch wie folgt aussehen:

- 3,9 µm — 600 °C bis 1 250 °C
- 3 µm bis 5 µm — 100 °C bis 300 °C, 200 °C bis 500 °C
- 4,8 µm bis 5,2 µm — 200 °C bis 500 °C, 400 °C bis 1 250 °C
- 8 µm bis 14 µm — -20 °C bis 120 °C, 0 °C bis 500 °C

Mit entsprechenden Filtern kann auch eine Empfindlichkeit in anderen Bereichen erzielt werden.

### Eigenschaften von Detektoren

Wichtig für einen Vergleich von Detektoren und somit von thermischen Kameras untereinander ist die rauschäquivalente Temperaturdifferenz »NETD« (Noise Equivalent Temperature Difference). Die »NETD« definiert die kleinste mit einer thermischen Kamera unterscheidbare Temperaturdifferenz. Bei der »NETD« handelt es sich um eine messbare und somit objektive Größe. Temperatur- bzw. Strahlungsunterschiede unterhalb der »NETD« können vom Infrarot-System nicht aufgelöst werden. Die »NETD« wird bei einer Objekttemperatur von 30 °C und spezifizierter Bildwiederholrate bzw. Integrationszeit gemessen.

Zur Charakterisierung der thermischen und geometrischen Auflösung des gesamten Infrarot-Systems einschließlich des Beobachters wird die »MRTD« (Minimum Resolvabie Temperature Difference) herangezogen. Die »MRTD« ist ein Maß zur Beurteilung der Fähigkeit des gesamten Infrarot-Systems, thermischer Kamera und Beobachter, an – im Vergleich zum gesamten Bildfeld – örtlich kleinen Strukturen geringe Strahlungsunterschiede zu erkennen.

### Das thermische Signal

Das Signal, das innerhalb der thermischen Kamera vom Detektor ausgegeben und von der Elektronik abgenommen wird, ist das thermische (radiometrische) Signal. Es ist nicht mit einem Videosignal zu verwechseln.

Nach dem Detektor wird das Signal verstärkt. Diese Spannung *(in Volt)* ist proportional zur Strahlungsleistung, die der Empfänger misst. Die Werte dieses thermischen, radiometrischen Signals liegen zwischen einem Minimum *(z. B. 0 V)* und einem Maximum *(z. B. 5 V)*. Zwischen diesen zwei Werten kann das thermische Signal alle Werte annehmen die – je nach Strahlungsfluss – von der thermischen Szene eingegangen sind.

*(Es gibt hier gravierende, herstellerspezifische Unterschiede beim Zugriffspunkt auf das radiometrische Signal. Manche Geräte können keine radiometrischen »online« oder »Echtzeit« Bilder oder »Infrarot-Videos« übertragen. Das liegt daran, dass die radiometrischen Daten getrennt vom angezeigten Thermogramm gespeichert werden und nicht separat beim »online« Auslesevorgang übertragen werden können. So können manche Geräte »nur« radiometrische Einzelbilder »hergeben«, während andere radiometrische Videos übertragen können).*

**Der Messbereichs-Endwert (Messbereich)**

Die für Temperaturmessungen benötigte Zuordnungskurve zwischen dieser Spannung und den Referenz-Temperaturen des schwarzen Körpers ist die Kalibrierkurve. Wenn wir z. B. davon ausgehen, das Temperaturminimum ist – 20 °C und das Temperaturmaximum + 150 °C, ist dieser Bereich von (– 20 °C bis + 150 °C) der (jeweilige) Messbereichs-Endwert. Es handelt sich dabei natürlich »nur« um scheinbare Temperaturen, da die Kamera an einem schwarzen Körper geeicht wird. Der Messbereichs-Endwert stellt also den scheinbaren Temperaturbereich dar, den die thermische Kamera in einer vorab definierten Konfiguration messen kann. *(Wir behandeln einen oberen und einen unteren Messbereichs-Endwert, fassen diesen aber im Ganzen zusammen als »Messbereich«).* Der erste – am häufigsten benutzte – Messbereichs-Endwert dient dazu, die schwächsten Temperaturen zu beobachten und zu messen. Dieser erste Messbereichs-Endwert hängt hauptsächlich vom Spektralband der Kamera ab. Je mehr Messbereichs-Endwerte sich überlagern, umso besser ist die Flexibilität der Kamera, also ihre Anwendbarkeit auf stark variable Temperaturmessbereiche. In der Regel verfügen thermische Kameras über zwei oder mehr Messbereichs-Endwerte. Sie werden auch »Messbereich« genannt. Innerhalb dieses Messbereiches kann in den meisten thermischen Kameras nochmals die thermische Empfindlichkeit durch Verschieben, Vergrößern oder Verkleinern der Spanne *(Span)* verändert werden.

### Wahl des Filters

Einige besondere, thermische Szenen verlangen die Verwendung eines angemessenen, spektralen Filters *(z. B. laserangeregte Messvorgänge)*. Im Allgemeinem werden Filter für Messungen bei hohen Temperaturen benutzt.

Wenn wir versuchen, hohe Temperaturen über 500 °C zu messen, stellt sich je nach thermischer Kamera zwangsläufig die Frage, ob es notwendig ist, die Integrationszeit zu verändern und wenn ja, welcher Filter dann zu benutzen ist. Es muss einfach dann eingegriffen werden, wenn es nicht möglich ist, das gegenwärtige Maximum der Temperatur innerhalb der thermischen Szene mithilfe des größten bzw. fest eingestellten höchsten Messbereiches zu messen.

Wir prüfen diese »Unmöglichkeit« in der Praxis, indem wir den Messbereich auf seinen höchsten Wert setzen. Damit wird der höchste Bereich messbarer Temperaturen abgedeckt. Wenn in diesem Fall das thermische Signal »gesättigte« Werte, also Werte über den Messbereichs-Endwert hinaus darstellt, dann wird man einen entsprechenden Filter wählen müssen.

### Erkennung der Konfiguration durch die thermische Kamera

Die Erkennung des ausgewählten Objektivs, der Integrationszeit und des Filters ist - je nach Modell - automatisch oder manuell einstellbar. Im zweiten, selten gewordenen Fall, ist es wichtig, die ausgewählte Konfiguration in der internen Software der Kamera anzugeben oder sich die Konfiguration für eventuelle, spätere Korrekturen zu merken, falls diese nicht automatisch und integral mitgespeichert wird *(z. B. »hinter« der Bilddatei, auf der Speicherkarte usw)*. Die meisten thermischen Kameras verfügen über einen Automatik-Modus, der diese Anpassung selbsttätig vornimmt.

## Die thermische Ausrichtung

### Die thermische Ausrichtung von thermischen Kameras – Niveau und Bereich, Level und Span

Meistens wird ein durchschnittliches thermisches Niveau und eine Variation der Amplitude um dieses durchschnittliche Niveau herum gewählt, damit z. B. Blau - 20 °C und Rot + 40 °C entspricht.

*(Achtung: Das Niveau, auch »Level«, ist arithmetisch und kann variabel zum Bereich, auch »Spanne« - gesetzt werden. Es ist nicht immer automatisch die Mitte)!*

Das durchschnittliche thermische Niveau entspricht in unserem Fall also ungefähr + 10 °C und der thermische Bereich ungefähr 60 °C. Es heißt bewusst »entspricht« und nicht »wird sein«, da die Bearbeitung des Signals üblicherweise auf dem thermischen Signal *(also in Volt, Strahldichte oder in Strahlungsfluss)* und nicht auf den Temperaturen erfolgt. Die Temperaturen werden erst danach durch den internen Rechner der thermischen Kamera auf der Bildschirmanzeige hinzugefügt. Die Variation über diesen Bereich wird nun z. B. zwischen Blau und Rot darstellt. Durch die veränderten, angepassten Parameter »Niveau und Bereich« – »Level und Span« liegt das Ergebnis jetzt im visualisierbaren, oder besser- thermisch visualisierbaren Bereich. Im Englischen sowie auch in den meisten Softwaretypen der thermischen Kameras bezeichnet man diesen Bereich im Allgemeinen mit »thermal Range«, »Range« oder »Span«.

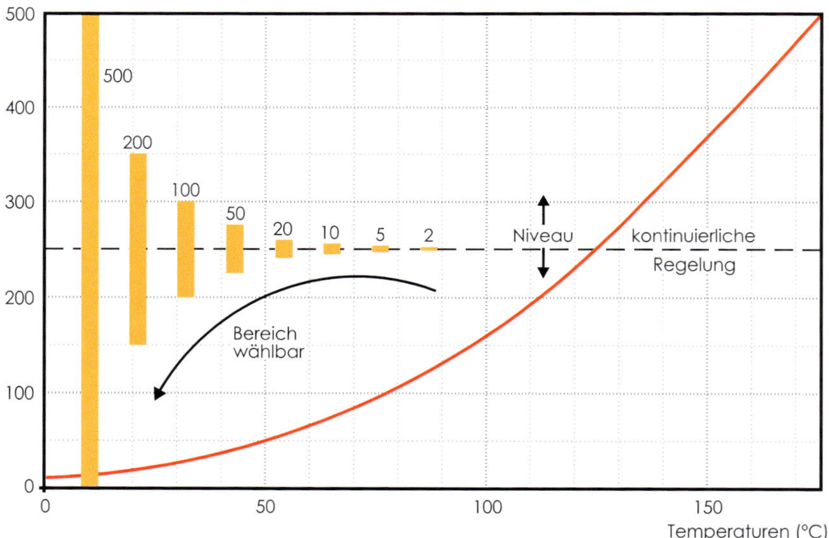


**Abb. 61:** thermische Ausrichtung

Die Werte von Niveau und Bereich *(Level und Span)* müssen für die Berechnung der auf dem Monitor anzuzeigenden Temperaturen als Maximal- und Minimalwerte oder Werte in Bezug zu einer Farbskala, bekannt sein. Hier sehen wir wieder den Unterschied zum Videosignal. Der Prüfer kann also die Veranschaulichung auf einem Monitor an den Temperaturumfang der thermischen Szene anpassen.

Die thermische Kamera kann eine Automatik beinhalten, die die »besten« Einstellungen gemäß den gemessenen Werten der von der thermischen Szene kommenden Strahlung, selbst definiert. Diese Automatik ist glücklicherweise abschaltbar, denn was den Prüfer in seinen thermischen Bildern interessiert, kann nur ein Teil dieses Bildes sein. Schließlich hängen die Einstellungen teilweise vom Prüfziel und von der am Ende abzuliefernden Dokumentation ab. Bei vielen der derzeit auf dem Markt erhältlichen thermischen Kameras erfolgt die Einstellung von Niveau und Bereich *(Level und Span)* direkt in Temperaturen. Die allgemeine Tendenz, Geräte diese Ausgaben anzeigen zu lassen, ist nicht besonders hilfreich für das Verständnis, wie das Gerät funktioniert. Im Gegenteil, sie erschwert manchmal die Einstellung der thermischen Kamera. Insbesondere dann, wenn der interne Rechner die manuellen Einstellungen des Bedieners durch die »Automatik« eigenständig verändert. Soll der »Bediener« seine thermische Kamera nun selbst bestimmten Messbedingungen anpassen - ist er aufgrund der Übernahme der Kontrolle über die Funktion durch die thermischen Kamera selbst allzu oft damit überfordert.

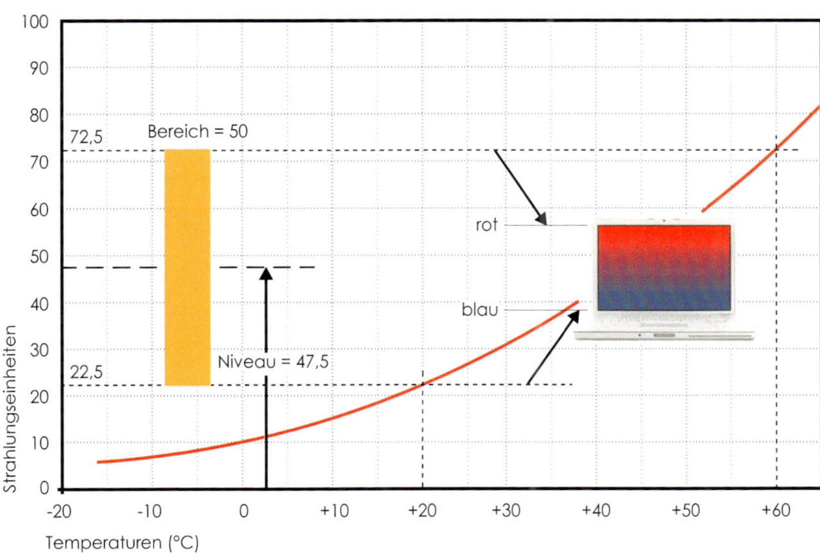


**Abb. 62:** Niveau und Bereich, Level und Span

### Die thermische Ausrichtung von Matrixkameras

Diese so genannten »volldigitalen« thermischen Kameras beziehen sich auf Matrixkameras der neuesten, aktuellen Generation. Diese Geräte digitalisieren das thermische Signal, das aus dem Verstärker des Strahlungsempfängers stammt, direkt auf 8, 12, 14 oder 16 Bit. Auch hier gelten die Begriffe Niveau und Bereich *(Level und Span)*, die alle gültigen Werte zwischen 0 und 4.095 *(usw., je nach Bit-Auflösung)* annehmen können. *(Natürlich ist die Einstellautomatik durch manuelle Einstellungen zu umgehen.)* Die Bezeichnungen Niveau und Bereich *(Level und Span)* verschwinden dann zugunsten der direkten Anzeige in Temperaturwerten. Es werden jetzt normalerweise nur die extremen Werte des Temperaturenmaßstabs angezeigt, da es bei dieser Einstellung keinen linearen Zusammenhang zwischen dem gemessenen Strahlungsfluss und der berechneten Temperatur mehr gibt. Einige thermische Kameras können mehrere Werte auf dem Temperaturenmaßstab anzeigen *(konstantes $\Delta T$)*, was bei Temperaturschwankungen in der thermischen Szene immer Bildänderungen in Funktion der Änderung der Werte der Einflussgrößen zur Folge hat. *(Das Bild »wackelt« und »wabert farblich« ).* Je nach Ausführung der thermischen Kamera gibt es zwei Arten der Einstellung, die die Extremwerte des Temperaturenmaßstabs unterschiedlich stark beeinflusst:

Zum einen die übliche Einstellung über Niveau und Bereich *(Level und Span)*, was allerdings diese zwei Extremwerte gleichzeitig ändert, und zum anderen die unabhängige Einstellung beider Extremwerte, was komfortabler ist. Letztere Einstellungsvariante ist schon wegen der erwähnten arithmetischen Einstellungsmöglichkeit des Niveaus, des Levels, von Vorteil.

### Die thermische Ausrichtung im Bezug zur Messaufgabe

In der beobachteten, thermischen Szene kann es wärmere oder kältere Körper geben als jene, die durch die vorab eingestellte thermische Ausrichtung berücksichtigt werden. Diese Körper interessieren uns grundsätzlich nicht. Es gilt, im Bezug zur Messaufgabe hier die beste Vorgehensweise zur thermischen Ausrichtung und die beste Einstellung zur Optimierung der Darstellung der thermischen Szene zu wählen.

Wenn ein thermografisches Bild, ein Thermogramm, sofort ausgegeben werden soll, ohne es später einer weiteren Bearbeitung zu unterziehen, ist es wichtig, dass die thermische Ausrichtung zum Zeitpunkt der Aufnahme so verwirklicht wird, dass thermische Besonderheiten und aufgetretene Probleme im

Bild der thermisch-räumlichen Szene klar erkennbar sind. Die hierfür nötigen parametrischen Einstellungen an der thermischen Kamera werden es nicht immer erlauben, wärmere Zonen innerhalb der Zonen mit gewöhnlichen Temperaturen zu »messen«. Sie werden aber in den Bereichen gewöhnlicher Temperaturen die notwendigen räumlichen Details geben. Es ist zweckmäßig, die thermische Kamera auf niedrige Temperaturen auszurichten, um die räumlichen Einzelheiten in den kalten Bereichen richtig sichtbar zu machen. *(So kann der topografische Bezug auch im Nachhinein wiederhergestellt werden).* Natürlich werden die deutlich wärmeren Punkte der thermischen Szene die Darstellungsbreite überschreiten. Man könnte auch sagen, dass die Farbdarstellung des oberen Messbereichs-Endwertes anzeigt, dass der Messbereich an dieser Stelle überschritten ist. Er liegt »out of range«. *(Oft wird gesagt das Bild sei »gesättigt«, das ist aber nicht der richtige Ausdruck dafür).*

Das so angefertigte Thermogramm dient dazu, diesen wärmsten Punkt innerhalb der thermischen Szene räumlich lokalisieren zu können, ohne auf den Temperaturmaßstab, die Farbskala, zu achten. In einem Prüfbericht werden jedoch die Temperaturen angegeben, die bei der Messung an den wärmsten, markanten Punkten aufgenommen wurden. Ein »normales« Foto - ein Digitalfoto gehört in jedem Fall dazu, um die Szene topografisch zu erklären. In diesem Fall der »Sofortausgabe« eines Thermogramms ist es notwendig, dass die thermische Kamera die thermische Ausrichtung bereits am Messort umfasst. Fehlende Strahlungswerte und Temperatur-Informationen können später nicht künstlich wiedererzeugt werden. Die gängigen thermischen Kameras bieten zur Vermeidung dieses Problems hilfreiche Funktionen wie eben den »Automatikmodus« an.

Soll ein Thermogramm in einem Prüfbericht, also »zeitversetzt«, ausgegeben werden, muss man alle Strahlungswerte, die den zu messenden Temperaturen entsprechen, bei der Erfassung der thermischen Szene digital abspeichern. Die zeitversetzte Bearbeitung erlaubt aufgrund der gespeicherten radiometrischen Daten auch eine nachträgliche Temperaturmessung »im Thermogramm« des Prüfberichts. Die Softwarefunktion der »Skalenspreizung«, also der nachträglichen Öffnung der Spanne, erlaubt eine bequeme thermische Neuausrichtung des Thermogramms.

Die Einstellungen von Niveau und Bereich *(Level und Span)* können auch gezielt ausgeführt werden. Hierbei werden keine Strahlungs- oder Temperaturwerte berücksichtigt. Diese Einstellung wird vorwiegend für gezielte systematische Inspektionen benutzt, bei denen ein Messkriterium vorgegeben wird.

Meistens sollen hier nur die Temperaturen festgestellt werden, die oberhalb eines gewissen Wertes liegen. Hierzu wird dann die »Überschreitungsfunktion« bewusst genutzt. Die Möglichkeit einer Alarmausgabe bei Überschreitung bestimmter Werte ist bei den meisten thermischen Kameras gegeben. *(Auch »Alarm«).*

# 7 Interne Software und externe Software

Die so genannten »handgehaltenen« *(engl.: »handheld«)* thermischen Kameras sind komplette »Thermografiesysteme«. Diese thermischen Kameras enthalten eine interne Bearbeitungssoftware, die verschiedene elementare Funktionen und die Übertragung in Temperaturwerte beinhaltet. Diese thermischen Kameras besitzen einen Datenspeicher für die radiometrischen Bilder, einen integrierten Chip, eine Speicherkarte o. ä. Heute gibt es auch Geräte, die die drahtlose Übertragung direkt an einen Rechner *(oder auch »Smartphone«)* ermöglichen. Nach der Übertragung der radiometrischen Bilder auf einen Rechner für die nachträgliche Bildbearbeitung und für die Erstellung von Prüfberichten wird eine externe Software benutzt.

Das Hauptinteresse der Datenspeicherung in der thermischen Kamera besteht darin, die radiometrischen Bilder im Kamerasystem selbst direkt wiederaufbereiten zu können. Das bedeutet, dass die Bilder erneut »aufgerufen« oder angezeigt und auf dem Bildschirm verändert werden können. *(Die Einflussgrößen oder die thermische Ausrichtung)*. So wird deutlich, dass eine thermische Kamera ohne diese Möglichkeiten nicht als »Thermografiesystem« zu betrachten und ohne zusätzlichen externen Rechner zudem noch unbrauchbar ist.

## Basisfunktionen zur Bearbeitung der radiometrischen Aufnahmen und der thermischer Bilder

### Die Übertragung in Temperaturwerte

Die Übertragung von Strahlungswerten in Temperaturwerte berücksichtigt die Kalibrierkurve der thermischen Kamera *(Kurve in Funktion ihrer Konfiguration)* und die Werte der Einflussgrößen, die vom Prüfer eingegeben werden müssen. Diese Einflussgrößen sind hauptsächlich die Emissivität, die Umgebungstemperatur »$T_{umg}$« und die reflektierte Temperatur »$T_{refl}$«.

### Schwarz/Weiß oder Farbe

Ein mit einer kontinuierlichen Skala von Schwarz nach Weiß dargestelltes Thermogramm ist gut für das räumliche Auffinden verschiedener Objekte innerhalb der beobachteten, thermischen Szene geeignet. Diese Art der Skalierung empfiehlt sich bei Objekten mit zahlreichen Details, wie z. B. einem Schaltschrank oder wenn versucht wird, einen warmen Punkt innerhalb einer

Gesamtheit schwächerer Temperaturen zu entdecken. Das menschliche Auge kann mehr Abstufungen in »Grautönen« als in »Farben« wahrnehmen.

Bei für das Auge scheinbar einfachen oder gleichmäßigen Oberflächen (z. B. die Wand eines Transformators, einer Tragfläche usw.), werden eine niedrige Anzahl von Farben oder feste Grauwerte (üblicherweise 10 bis 16 Niveaus von derzeit bis zu knapp 300 wählbaren) bevorzugt. Diese Quantifizierung erlaubt eine verständlichere Darstellung der Temperaturverteilung auf einer ausgedehnten und gleichmäßigen Oberfläche. (Die Farben oder Niveaus entsprechen einer Gesamtheit von Isothermen). Vorsicht bei Messungen, bei denen diese Quantifizierung von der Kamera selbst oder durch eine externe Software durchgeführt wird! Tatsächlich wird diese Farbquantifizierung fast immer linear zur Strahlung verwirklicht, also nichtlinear in Temperaturwerte. Bei einem großen Bereich lässt diese Farbquantifizierung die Bestimmung von Zwischentemperaturen kaum zu, was auf die Exponentialform der Kalibrierkurven zurückzuführen ist. Die Mehrzahl der thermischen Kameras erlaubt, Bilder mit einem kontinuierlichen Farbmaßstab zu produzieren. Dieser verbindet den Vorteil der kontinuierlichen S/W-Skala mit einer Tendenz zur Möglichkeit des Messens. Aber diese kontinuierlichen Farbskalen dienen mehr der Ästhetik eines Dokuments als der thermografischen Messung vor Ort. Sie sind dann gut anwendbar, wenn auf den thermischen Bildern nur wenige Objekte vorhanden und »heiße« Punkte sehr lokal sind. Grundsätzlich ist der Gebrauch von mehrfarbigen Skalen für eine neue Prüfsituation nicht unbedingt empfehlenswert, weil lokale Variationen stark irritierend wirken können, ohne hierbei sinnvolle Informationen zu liefern. Sind die Prüfsituation und das Objekt hingegen bekannt, so ist der Gebrauch von Farbskalen für die zerstörungsfreie Prüfung gewiss die bessere Alternative zur S/W-Skala.

### Die isotherme Funktion

Der Prüfer verschiebt manuell einen isothermen Bereich auf der Temperatur- oder Strahlungsskala. Dementsprechend ändern alle identischen Werte innerhalb des thermischen Bildes ihre Farbe und gehen – je nach Kamera – in Schwarz, Weiß oder in Farben über. Dies ist eine Messfunktion über die ganze Oberfläche des thermischen Bildes. Der angezeigte Temperaturwert wird durch den inneren Rechner berechnet. Diese Funktion dient manchmal als Überschreitungsfunktion. Ebenso kann durch die Anwendung einer oder mehrerer Isotherme ein bestimmter, unerwünschter Temperaturbereich aus der Anzeige, dem Thermogramm, sozusagen »unterdrückt« oder »gefiltert« werden.

### Die Schwellenfunktion

Diese Funktion erlaubt, Strahlungsniveaus hervorzuheben, die die thermische Ausrichtung überschreiten (entweder von oben oder von unten), welche durch die zwei extremen Werte der Temperatur des angeschlagenen Maßstabs abgegrenzt wurde. Obwohl diese Funktion nicht immer mit dieser Bezeichnung in den Kameras erscheint, ist sie trotzdem meistens vorhanden. *(Man kann hiermit die obere und/oder untere Grenzwertüberschreitung in einer bestimmten Farbe darstellen).*

### Die Sättigungsfunktion

Sie ist identisch mit der vorhergehenden Funktion, nur dass hier der »Bereich« maximal ist. Das »Niveau« liegt in der Mitte des möglichen Messumfangs der Strahlung. Eine Überschreitung entspricht dann einer tatsächlichen Sättigung des Empfängers oder der assoziierten Elektronik. Diese Überschreitung ist immer im oberen Teil der Skala der scheinbaren Temperaturen angesiedelt. Um höhere Temperaturen messen zu können, empfiehlt es sich, die Kamerakonfiguration zu ändern.

### Die Funktion »Punktuelle Messung« oder »Punktmessung«

Heute verfügen fast alle thermischen Kameras über Möglichkeiten, punktuelle Temperaturmessungen auf thermischen Bildern mithilfe eines oder mehrerer Läufer durchzuführen. Für thermische Kameras mit 12, 14 oder 16 Bit, ist diese Funktion deshalb interessant, weil sie erlaubt, die Temperatur eines Prüfteils unabhängig von der thermische Ausrichtung, d.h. ohne diese Temperatur selbst *(mittels Niveau und Bereich)* zu messen.

### Die Funktion »Thermisches Profil«

Diese Funktion dient überwiegend dazu, bei ausgedehnten Oberflächen einer thermischen Szene, Schnitte im Sinne des angewandten Profils zu legen, z.B. entlang eines Objekts, von Leitungen, usw. Sie dient mehr zur Veranschaulichung als zur eigentlichen Messung, ist aber außerordentlich praktisch bei »kleinen« Bauteilen, die sich vor einem »störenden« Hintergrund befinden.

### Die Funktion »Zone«

Die Funktion »Zone« dient zur Darstellung von Minimal-, Maximal- oder Temperaturmittelwerten auf einer Oberfläche. Beispiel: Die Messung mittels „Maximum in Zone« gibt, leichter als bei der punktuellen Messung, den Wert eines »heißen« Punktes innerhalb dieser Zone an. Bei ausgedehnteren Objekten wird zur Messung die Funktion »Durchschnitt in Zone« benutzt, um zum Beispiel die thermische Kamera mithilfe eines schwarzen Körpers zu überprüfen.

### Bildraum und Messraum

Die Eigenschaften der thermischen Kameras werden zwei »Räumen«, dem »Raum der Bilderzeugung« und dem »Raum der thermografischen Messung« zugeordnet. Jeder Raum umfasst 3 Achsen. Die thermische, die räumliche und die zeitliche. *(Die spektrale Achse wird der Vollständigkeit halber nur in der Abbildung erwähnt).*

Die Eigenschaften des Raums der Bilderzeugung sind hauptsächlich interessant, um sie von den Eigenschaften des Raums der thermografischen Messung zu unterscheiden.

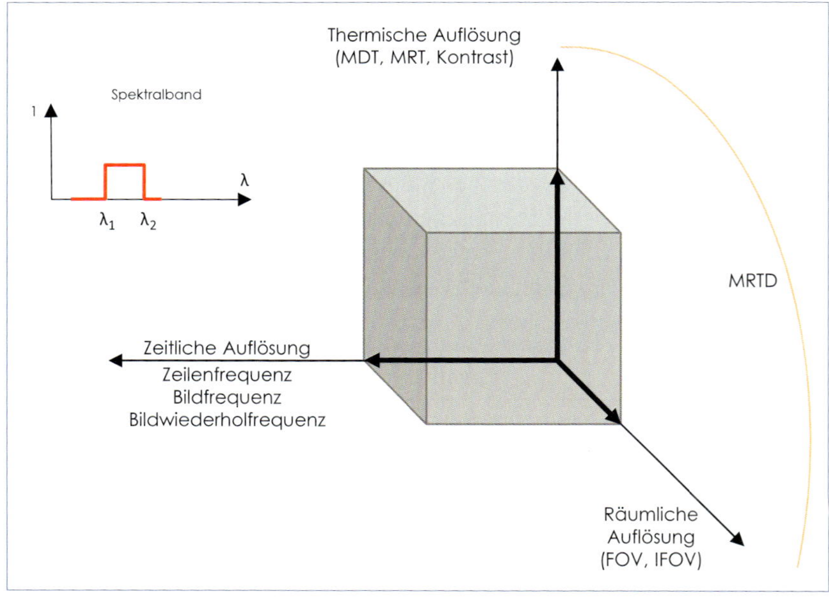


**Abb. 63:** Raum der Bilderzeugung (oder Raum der Auflösung)

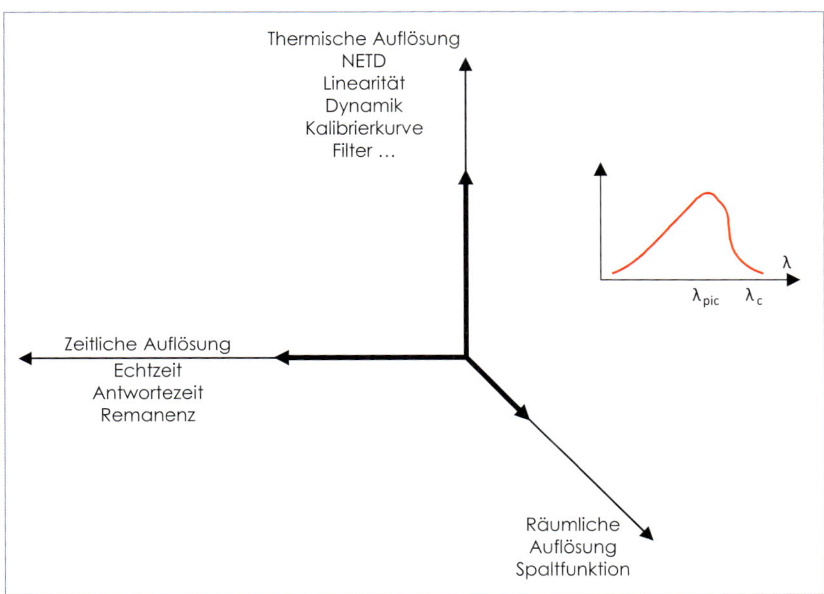


**Abb. 64:** Raum der der thermografischen Auflösung

## Die räumlichen Auflösungen

Für die Temperaturmessung muss die Objektgröße unbedingt als eine Einflussgröße angesehen werden. Für die Beobachtung thermischer Bilder, analog zur zerstörungsfreien Prüfung, sind die Eigenschaften der räumlichen Auflösung an die Eigenschaften der thermischen Auflösung gebunden.

Damit soll die Eignung einer thermischen Kamera beurteilt werden, schwache Temperaturunterschiede an mitunter kleinen Objekten und Fehler mit kleinen Dimensionen zu beobachten. Eine typische Charakterisierung erfolgt mit einem so genannten »heißen Band«. Dieses »heiße Band« fungiert als »thermischer Spalt«, was ziemlich einfach zu verwirklichen ist, z. B. mit einem geheizten Draht.

Thermische Kamera mit mechanischer Abtastung *(klassische Kamera)*:
Betrachten wir ein heißes Band mit der Breite »dr« und einer gleichmäßigen, scheinbaren Temperatur »$T_1$«, das sich in einer Entfernung von 1 m zur Kamera vor einem Hintergrund mit der einheitlichen, scheinbaren Temperatur »$T_0$« befindet.

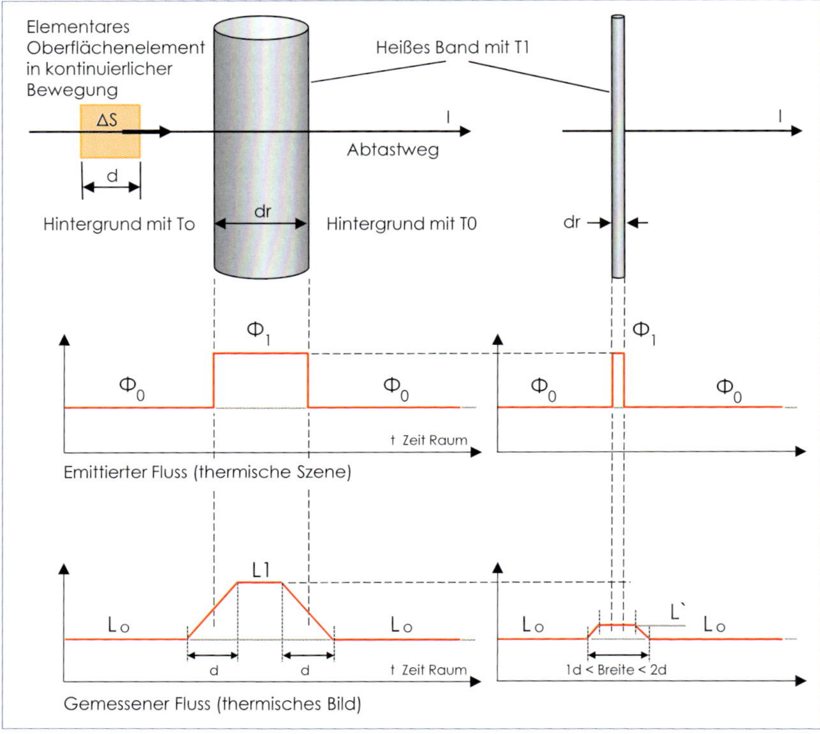


**Abb. 65:** heißes Band (Draht)

Wenn sich das elementare Oberflächenelement ΔS völlig auf dem Hintergrund mit $T_0$ befindet, so liefert die Kamera ein Signal $L_0$.

Wenn sich ΔS völlig auf dem Band mit $T_1$ befindet, so liefert die Kamera ein Signal $L_1$.

Wenn das Band breit genug ist *(»dr« ziemlich groß)*, werden die Werte von $L_0$ und $L_1$ richtig gemessen. Dann werden die berechneten Werte $T_0$ und $T_1$ ebenfalls korrekt sein *(unabhängig von der genauen Breite des Bandes)*.

Jetzt nehmen wir an, dass das Band eine geringere Breite »dr« hat, z. B. die gleiche Breite wie »d«. Bei d = dr bekommt das thermische Signal eine dreieckige Form und $L_1$ wird nur auf dem Gipfel dieses Dreiecks messbar sein.

Das ist die Grenze des räumlichen Messauflösungsvermögens der thermischen Kamera.

Wir stellen auch fest, dass das Band auf den thermischen Bildern immer sichtbar ist, sogar wenn »dr« sehr klein ist - aber dann nicht mehr messbar.

Kamera mit Detektormatrix:

Beobachten wir nun das »heiße Band« mit einer Matrixkamera. Wenn man die thermische Kamera langsam in Richtung der Linie »l« verschiebt, so steigt und sinkt das thermische Signal abwechselnd. So lange die relative Position der Kamera hinsichtlich des »heißen Spalts« *(oder Fadens)* nicht bekannt ist, ist es nicht so einfach möglich, einen Wert »$L_1$« von einem gemessenen Wert L' abzuziehen.

Aus Sicht der geometrischen Optik stellen wir fest, dass wenn das Band eine Breite hat, die größer ist als 2 x d. *(das heißt - zweimal die Breite der ΔS-Oberfläche oder 2 x IFOV)*, dann gibt es immer wenigstens eine das Band überlagernde ΔS-Oberfläche.

Das ist die theoretische Messauflösungsgrenze einer Matrixkamera.

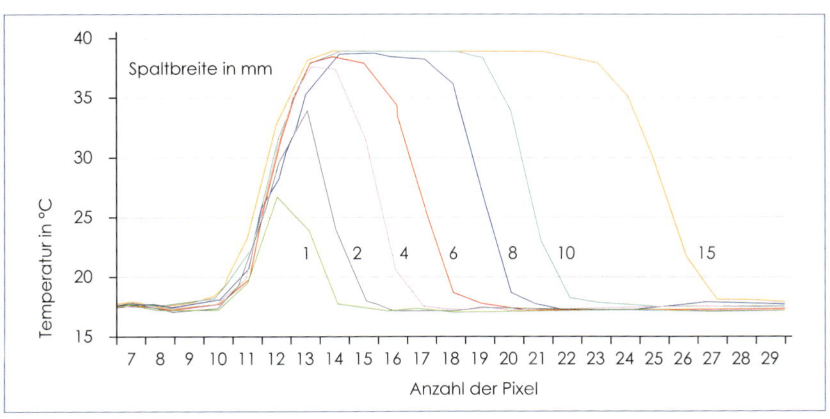


**Abb. 66:** Auszug der thermischen Profile für Spalten mit wachsender Breite (in mm) [Kamera IFOV = 1,1 mrad 24° 1 m]

### Kriterien der räumlichen Messfähigkeit für die thermische Szene und die thermischen Bilder (FPA-Kameras)

Das Kriterium für die thermische Szene wird durch eine einfache Berechnung definiert.

Sie berücksichtigt:

- das IFOV der Kamera, die mit einem bestimmten Objektiv ausgestattet wurde (zum Beispiel 1,3 mrad für ein 21°-Objektiv)
- den Messabstand (zum Beispiel 50 cm).

1,3 mrad entsprechen 1,3 mm auf 1 m. Somit beträgt die kleinste, vom Empfänger gesehene Dimension, 0,65 mm auf der thermischen Szene bei 0,5 m Abstand.

Kriterium: Die Messung ist möglich auf einem »Faden« oder »Band« mit einem Durchmesser der wenigstens 4 Mal dieser Dimension entspricht, also 2,6 mm. Wir brauchen diese Messpunkte auf dem »Faden« oder »Band«, um ein Maximum und ein Minimum zu erhalten, aus dem sich eine Differenz ableiten lässt *(also mindestens zwei Messpunkte auf dem Objekt)*. Dabei gilt natürlich auch: »Je mehr, desto besser!«

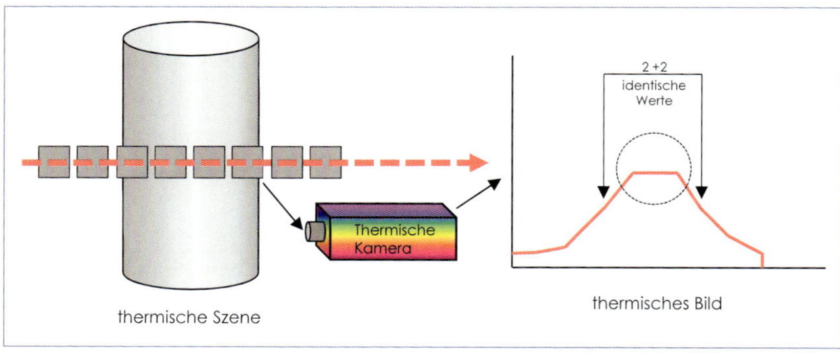


**Abb. 67:** Kriterien auf der thermischen Szene und Kriterium auf dem thermischen Bild

Das Kriterium auf den thermischen Bildern ist ein wenig delikater. Wenn man die Form der Antwort der thermischen Kamera (die thermischen Bilder) anschaut, stellt man fest, dass eine »ungenügende« Antwort eine spitze Form und eine »annehmbare« Antwort eine abgerundete- oder Trapezform hat. Man kann annehmen, dass 4 ziemlich identische aufeinanderfolgende Werte (2 Höchstwerte und 1 leicht schwächerer Wert beiderseits dieses Maximums) zu einer annehmbaren Messung führen werden.

### Korrektur der Ungleichmäßigkeit in thermischen Bildern mittels NUC

Eine sehr große Anzahl von Detektoren auf der Matrix verlangt eine Standardisierung der elementaren Antworten all dieser Detektoren. Die thermische Drift der Matrix wird dadurch kompensiert.

Die Kamerakonstrukteure sehen zwei »Verbesserungs«- oder Korrekturmatrizen vor, um die Antworten zwischen allen Detektoren anzupassen, die in der Kamera abgespeichert werden:

- eine Offset-Matrix
- eine Gain-Matrix.

Diese Funktion zum Zwecke der Korrektur heißt **NUC (Non-Uniformity Correction)**.

Sie wird entweder direkt im »Kamerakopf« von der internen Software gesteuert oder extern per Software durchgeführt.

Aber Achtung: Diese Matrizen für die »NUC« sind an die Integrationszeit gebunden und müssen gegebenenfalls neu definiert und abgespeichert werden. Die Offset-Matrix kompensiert hauptsächlich zeitliche und thermische Abweichungen. Um die Qualität permanent beizubehalten, kann sie auch automatisch *(also über die Zeit)* durchgeführt werden.

Diese Aufgabe übernimmt z. B. die Shutterfunktion einiger Geräte.

## Die thermischen Auflösungen

Die thermische Auflösung einer thermischen Kamera charakterisiert die Eignung des Geräts, einen schwachen Temperaturunterschied zu messen. Diese Hervorhebung ist entweder objektiv *(gemessen)* oder subjektiv *(geschätzt durch einen Beobachter)* auf einem Bildschirm sichtbar.

### NETD

ist die »genormte thermische Auflösung«.

Die »NETD« (Noise Equivalent Temperature Difference) ist eine in °C ausgedrückte Temperaturdifferenz zwischen zwei schwarzen Strahlern (üblicherweise bei +30 °C), bei der das Signal-/Rauschverhältnis des Thermografiesystems S/N = 1 ist.

In der ZfP ist es unentbehrlich, eine thermische Kamera guter thermischer Auflösung zu haben, um eine Fehlerzone oder Fehlstelle (Temperaturunterschiede) zu entdecken, da das ZfP-Verfahren selbst »versucht«, Strahlungsdifferenzen zu verursachen. Wenn die Qualität der thermischen Auflösung ungenügend ist (zu hoher Wert), so werden diese Zonen im Rauschen untergehen.

Eine thermische Auflösung von 0,1 °C (oder weniger) bei 30 °C in Echtzeit ist ein Wert, der gewöhnlich für die meisten thermischen ZfP-Anwendungen als annehmbar gilt. Einige Anwendungen verlangen jedoch eine noch bessere *(höhere)* Auflösung.

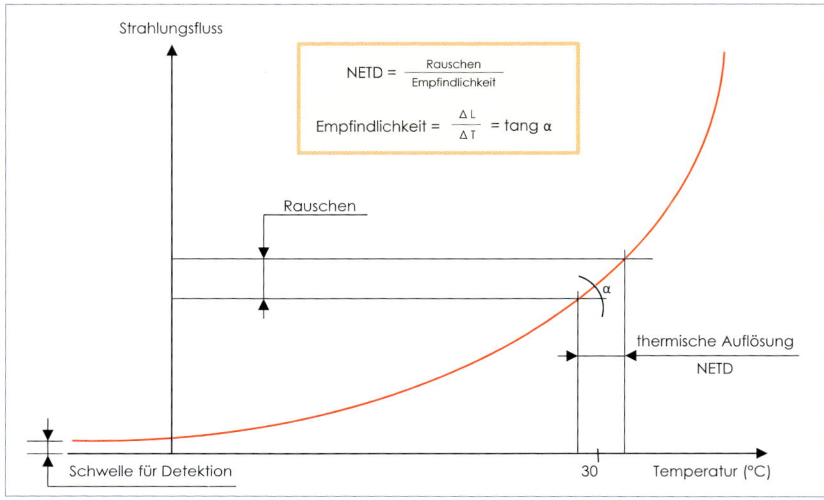


**Abb. 68:** NETD

## Der minimal feststellbare Temperaturunterschied (MDTD)

Der minimal feststellbare Temperaturunterschied, oder die MDTD (Minimum Detectable Temperature Difference) oder MDT (Minimum Detectable Temperature).

Diese thermische Auflösung entspricht nicht der Norm, aber der Ausdruck als solcher ist genormt. Die MDTD entspricht der kleinsten Temperaturdifferenz, die der Beobachter zwischen einer quadratischen Probe und einem homogenen Hintergrund mit dem System erkennen können muss. Es ist also eine subjektive Angabe, die den Bildschirm und den Prüfer betrifft.

## Der minimal auflösbare Temperaturunterschied (MRTD)

Die MRTD (Minimum Resolvable Temperature Difference) ist eine genormte Größe.

Die MRTD entspricht der kleinsten Temperaturdifferenz, die der Beobachter an einer definierten so genannten Balkenprobe *(auch Gitter)* (4 Balken, L:B = 7:1, Balkenabstand = Balkenbreite) mit dem System erkennen muss.

**Abb. 69:** periodische Gitter für die Aufnahme des MRTD

Die MRTD ist also eine Funktion der räumlichen Frequenz der Balken oder des Gitters. Es ist kein einmaliger Wert. Der Auszug der MRTD wird von Prüfern ausgeführt. Das Ergebnis hängt also vom Bildschirm und vom Prüfer ab. Diese Eigenschaft erlaubt es auch, die Grenzen der Bilderzeugung zu definieren. Sie kombiniert die räumliche und die thermische Auflösung.

### Der Kontrast

Der Begriff des Kontrasts muss hier erwähnt werden, da er noch immer geläufig ist. Der Kontrast zwischen zwei verschiedenen Strahlungsflüssen wird wie folgt definiert:

$$\text{Kontrast} = (L_2 - L_1)/(L_2 + L_1)$$

### Die zeitliche Mittelung

Die thermische Auflösung kann durch Zeitmittelung identischer, aufeinanderfolgender Bilder (Pixel durch Pixel) verbessert werden. Diese Mittelung ist auf einigen thermischen Kameras möglich – wird aber auch sehr unterschiedlich (herstellerspezifisch) bezeichnet. Außerdem erlaubt manche Software, im Nachhinein verschiedene Aufnahmen »übereinander« zu legen. Damit diese Mittelung gültig ist, empfiehlt es sich, eine Reihe von thermischen Bildern unter statischen Bedingungen aufzunehmen *(z. B. Stativaufnahmen).* Die thermische Auflösung wird dann um einen Faktor verbessert. Dieser entspricht der Quadratwurzel der Anzahl der vermittelten Bilder.

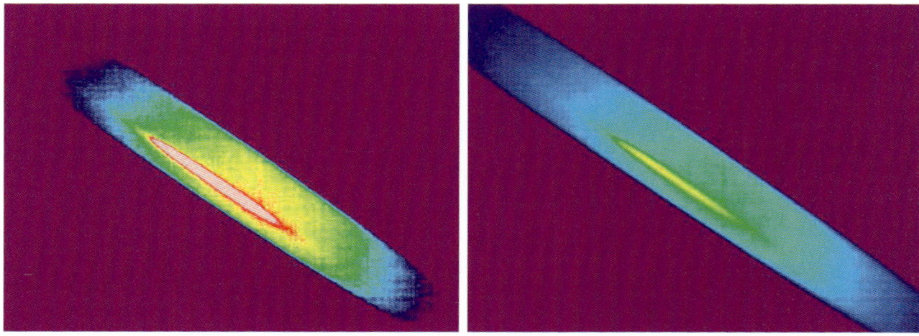

**Abb. 70:** »rohes« IR-Bild – und über eine Sequenz von 100 Bildern »gemitteltes« IR-Bild

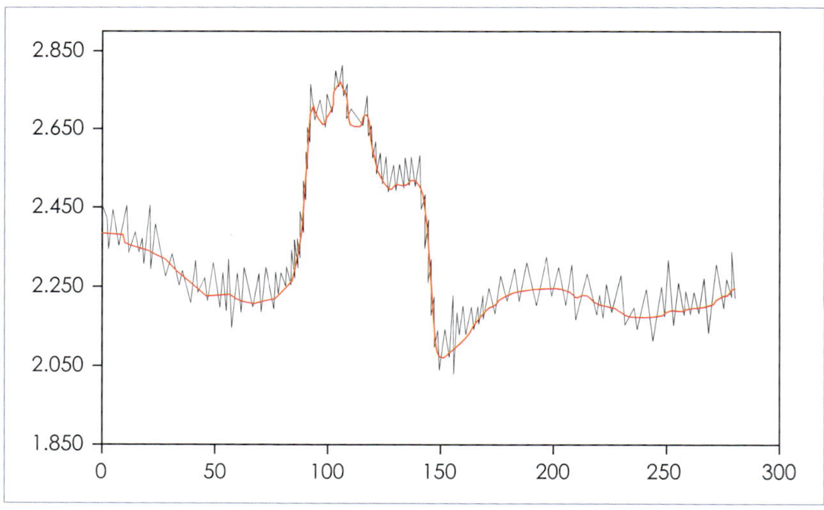


**Abb. 71:** Profile entlang der absteigenden Diagonale der obigen zwei Bilder

**Die zeitliche Auflösung**

In der ZfP kommen verschiedene Arten von »Aufheizung« oder »Abkühlung« der Struktur zur Geltung.

Werden transiente bzw. nicht konstante, thermische Phänomene beobachtet, so ist die Zeit eine zu beachtende Dimension, auch in Funktion der beobachteten Materialien.

Das benutzte thermische Kamerasystem muss also an die zu beobachtenden Phänomene angepasst werden, insbesondere hinsichtlich der Eignung für das Messen (thermo-) dynamischer Effekte. In diesem Fall sind folgende Geräteparameter wichtig:

- Zeilenfrequenz
- Bildaufnahmefrequenz
- Bildwiederholfrequenz *(Frame Rate).*

Bei Materialien mit hoher Leitfähigkeit wird eine hohe Bildwiederholfrequenz benötigt, um die sachdienliche thermische Information zu erhalten, die während einer sehr kurzen Zeit erscheint.

## Der Bildaufnahmemodus

Es gibt prinzipiell zwei Bildaufnahmemodi bei den Matrixdetektoren:

- »SNAP mode«: Alle Detektoren der Empfängermatrix werden absolut zeitgleich ausgelesen. Damit ist für jedes thermische Bild die Zeitgleichheit aller Punkte gewährleistet.
- »Rolling mode«: Alle Detektoren der Empfängermatrix werden zeilenweise ausgelesen. Damit ist die Zeitgleichheit der Bildpunkte innerhalb einer Aufnahme nicht mehr gewährleistet. Es kommt zum zeitlichen Versatz.

Diese detektorspezifische Eigenschaft spielt dann eine Rolle bei der Auswahl, wenn sehr kurze thermische Phänomene registriert werden müssen. Kameras mit »SNAP-mode« sind deutlich teurer als solche mit Rolling Mode.

## Das Spektralband der Kamera

Bei optischen Anregungsmethoden, die mit synchroner Modulation (Impuls oder Lock-In), spezifischen Lampen oder mit Laser arbeiten, ist die Wahl der Wellenlänge von Bedeutung, um die aus der Heizquelle kommende, reflektierte Strahlung zu minimieren. Es ist überaus wichtig, die Wellenlänge der »Heizung« und die vom Objekt emittierten und reflektierten Strahlungen zu kennen. Natürlich auch, auf welches Spektralband die thermische Kamera reagiert, für welches sie empfindlich ist. Durch gezielte Überlegungen kann die Entscheidung bezüglich der spektralen Empfindlichkeit entweder die Messempfindlichkeit verbessern, mitunter aber auch die Probleme mit der Anregung oder der Umgebung vergrößern.

### Ermessen und Bewältigen einer Situation

Zunächst führt der Prüfer eine visuelle Prüfung der thermischen Szene und der zu kontrollierenden Struktur durch. Er schaut nach der Strahlungsumgebung und das Ausbreitungsmedium der Strahlungen, um mögliche parasitäre Strahlungen zu bestimmen und sich vor diesen durch gut ausgewählte Beobachtungswinkel, Maskierung heißer Quellen usw. zu schützen. Dann werden die durch die Kamera gelieferten Bilder auch thermische Bilder sein. Die Beobachtung der Umgebung erfolgt eventuell mithilfe der Kamera selbst: Dies ist die minimalste Vorsichtsmaßnahme bei einer Unsicherheit bez. der Natur von Strahlungen, die auf dem zu prüfenden Objekt ankommen könnten. Falls man wünscht, Temperaturen zu messen, muss die reflektierte Temperatur bekannt sein. Diese ist ein Durchschnitt der Temperaturen, die durch die Kamera angegeben werden, wenn diese auf eine Objektemissivität von 1 auf kurzem Abstand eingestellt wird. Die Umgebung wird so als ein schwarzer Körper angesehen und es zählt ihre scheinbare Temperatur. Zur genauen Bestimmung muss ebenfalls die Emissivität des beobachteten Objekts bestimmt werden.

Dann führt der Prüfer die Prüfung selbst am Objekt durch. Dabei verwirklicht er die räumliche Eingrenzung und die thermische Ausrichtung, indem er sich eventuell mit den Kalibrierkurven der Kamera behilft. So kann die bestmögliche Konfiguration und Einstellung von Niveau und Bereich gewählt werden. Oft wird nur grob eingestellt, um Prüfzeit zu gewinnen und die feine, angemessene thermische Ausrichtung wird nur dann verwirklicht, wenn dies für die Ausgabe eines Dokuments oder die Erfassung der thermischen Bilder nützlich ist.

Zwecks digitaler Abspeicherung wird darauf geachtet, dass für die thermischen Bilder Überschreitungs- oder Sättigungsfunktionen berücksichtigt wurden, was anhand der thermischen Bilder auf dem Monitor oder im Sucher überprüft werden kann.

# 8 Die Gesetze der Physik in Bezug zur Infrarotthermografie

Einige der »klassischen« Strahlungsgesetze, die für die Infrarotthermografie relevant sind, sollen hier in ihrer Herleitung und Verwendung erklärt werden. Wir beschränken uns auf die für uns wichtigen Teilbereiche der Infrarotthermografie. Es sollen keine Auslegungen und Querbezüge behandelt werden, sondern nur die Thematik, die wir innerhalb der Anwendung der Infrarotthermografie, mitunter auch während der Arbeit mit der thermischen Kamera und bei der Nachbearbeitung, brauchen.

Viele der »Urväter« der Technologie, mit der wir heute so zwanglos umgehen, hatten es alles andere als leicht, diese Erkenntnisse zu erlangen. Die wenigsten von Ihnen hatten ihre eigentlichen Entdeckungen im Sinn. Manche haben sie sogar »links liegen« lassen. Oft waren es völlig simple »Unfälle« oder »Fehler« während eines Versuches, die die Wissenschaftler ihrer Zeit auf neue Spuren brachten. Und ja, auch heute ist das noch so. Natürlich ist es in unserer Zeit ungleich leichter, technisch zu arbeiten, denn alles was wir dazu benötigen, können wir entweder im Versandhandel oder im Fachgeschäft kaufen. Wenn man nicht gerade einen Teilchenbeschleuniger bauen möchte, ist dies der normale Gang.

Immer wieder wird die Frage gestellt »wer denn nun der Erste« gewesen sei. Nun, die Antwort ist: »Das lässt sich beim besten Willen nicht sagen«. Es ist, wie bereits erwähnt, eine Aneinanderreihung von Entwicklungen, die teilweise fast gleichzeitig - an verschiedenen Orten stattfanden. Jede Einzelne - ein Rädchen im Getriebe. Fakt ist, dass die Entdeckungen bei der Erforschung des Lichts derart früh begannen, dass es kaum Aufzeichnungen darüber gibt.

**Wilhelm Carl Werner Otto Fritz Franz Wien**

* 13. Januar 1864 in Gaffken bei Fischhausen, dem heutigen Primorsk in Ostpreußen

† 30. August 1928 in München

Wien war ein deutscher Physiker. Er erforschte vor allem die Gesetzmäßigkeiten der Wärmestrahlung und erhielt dafür 1911 den Nobelpreis für Physik.

**Das Wien'sche Strahlungsgesetz (1896):**

Aufgrund der experimentellen Untersuchungen von Josef Stefan und der thermodynamischen Herleitung durch Ludwig Boltzmann war bereits bekannt, dass die von einem schwarzen Körper mit der absoluten Temperatur *T* thermisch emittierte Strahlungsleistung mit der vierten Potenz der Temperatur ansteigt ($T^4$). Die Verteilung der Strahlungsenergie auf die verschiedenen ausgesandten Wellenlängen war zu diesem Zeitpunkt jedoch noch unbekannt.

Wilhelm Wien konnte aufgrund thermodynamischer Überlegungen sein Verschiebungsgesetz ableiten, das den Zusammenhang zwischen den Wellenlängenverteilungen bei verschiedenen Temperaturen beschrieb.

Die Wellenlängenverteilung der Strahlung war zwar immer noch unbekannt, es war aber eine zusätzliche Bedingung gefunden, der die reale Wellenlängenverteilung bei einer Temperaturänderung unterliegen musste. Lediglich die temperaturbedingte Verschiebung des Strahlungsmaximums, die bereits aus dem Verschiebungsgesetz folgt, hat unter dem Namen »Wiensches Verschiebungsgesetz« bis heute »überlebt«.

Unter Zuhilfenahme einiger zusätzlicher Annahmen konnte Wien ein Strahlungsgesetz ableiten, das sich bei Temperaturänderungen so verhält, wie von eben diesem Verschiebungsgesetz gefordert.

Das Wien'sche Strahlungsgesetz lautet in seiner von Wilhelm Wien 1896 zunächst angegebenen Form:

$$\phi(\lambda) = \frac{c}{\lambda^5} \frac{1}{e^{\left[\frac{c}{\lambda T}\right]}}$$

Es besitzt, wie zu erwarten, ein Strahlungsmaximum, liefert aber zu niedrige Werte im langwelligen Bereich.

Max Planck korrigierte diesen Mangel im Jahre 1900 durch eine geschickte Interpolation zwischen dem Rayleigh-Jeans-Gesetz (korrekt für große Wellenlängen) und dem Wien'schen Strahlungsgesetz (korrekt für kleine Wellenlängen). Er fand

$$\phi(\lambda) = \frac{c}{\lambda^5} \frac{1}{e^{\left[\frac{C}{\lambda T}\right]} - 1}$$

und entwickelte daraus innerhalb weniger Wochen das Plancksche Strahlungsgesetz, was auch als Geburtsstunde der Quantenphysik gilt. Bemerkenswert ist, dass die von Wien angenommenen Konstanten »*C*«, und »*c*« von Planck durch die Naturkonstanten- Boltzmannkonstante, Lichtgeschwindigkeit und die neue Konstante »*h*« ausgedrückt wurden. Die »Hilfskonstante« »*h*« wurde später Planck zu Ehren als Plancksches Wirkungsquantum bezeichnet.

Die Spektren eines Hohlraumstrahlers »ähneln« denen der Maxwell'schen Geschwindigkeitsverteilung. Außerdem gibt es das Wien'sche Verschiebungsgesetz richtig wieder.

Formel des Wien'schen Strahlungsgesetzes:

$$M(\lambda,T) = \frac{4 \cdot c_1}{c \cdot \lambda^5} \frac{1}{\left(\frac{C_2}{\lambda T}\right)} \Rightarrow L(\lambda,T) = \frac{c_1}{\lambda^5} \frac{1}{e^{\left(\frac{C_2}{\lambda T}\right)}}$$

(Mit $c_1$ und $c_2$ als empirisch zu bestimmenden Konstanten)

Diese Formel gibt die spektrale Energiedichte für das ultraviolette und sichtbare Spektrum gut wieder. Ebenso sind die Wellenlängen-Maxima vorhanden, die auch das Wien'sche Verschiebungsgesetz und die experimentellen Messungen zeigen. Unterschiede zwischen den theoretischen und den experimentellen Werten gibt es jedoch im Infrarot-Bereich. Bei konstanter Wellenlänge und steigender Temperatur nähert sich die Energiedichte einem endlichen Wert an, was den experimentellen Beobachtungen widerspricht.

*(Anmerkung: Das Wiensche Strahlungsgesetz lässt sich nicht mehr als »rein« klassisch bezeichnen, da hier elektromagnetische Wellen mit einem Teilchenmodell verknüpft werden).*

**Das Wien'sche Verschiebungsgesetz:**

$$\lambda_{max} \cdot T - K$$

Herleitung: 1893 Wilhelm Wien

Grundlage: Betrachtung der Ähnlichkeit der vom Hohlraum eingeschlossenen Strahlung mit der eines idealen Gases.

»K« = 2,89978 · $10^{-3}$ m · K (Wiensche Konstante) Kann auch mithilfe der Frequenz »$\nu_{max}$« dargestellt werden. Es beschreibt das Verhältnis zwischen Temperatur und Maximum der emittierten Strahlung. Die so bestimmte Temperatur der Sonnenoberfläche heißt »Effektivtemperatur«. Es ist die Temperatur, die ein gleich großer schwarzer Körper haben müsste, um dieselbe Strahlungsleistung abzugeben wie die Sonne.

Das Wien'sche Verschiebungsgesetz sagt aus, dass sich bei steigender Temperatur das Maximum der abgestrahlten Energie zu kürzeren Wellenlängen hin verschiebt.

$$\lambda_{max} = \frac{b}{T}$$

$$(b = 2998\,\mu mK)$$

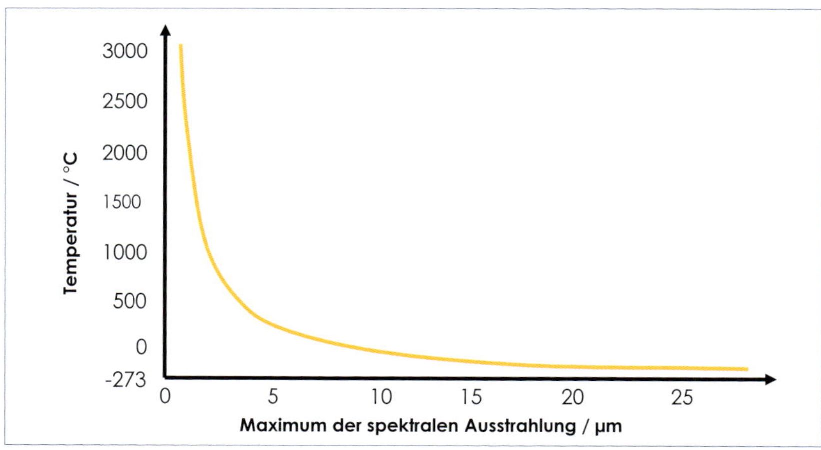


**Abb. 72:** Lage des Maximums der spektralen Ausstrahlung

Anwendungsbeispiel:

Nimmt man für die Sonne $\lambda_{max} \approx 500$ nm an und betrachtet sie näherungsweise als schwarzen Strahler, so ergibt sich nach dem Wien'schen Verschiebungsgesetz ihre Oberflächentemperatur von ca. 5800 K. Die auf diese Weise ermittelte Temperatur heißt »Wiensche Temperatur«. Man kann sie auch mit der über das Stefan-Boltzmann-Gesetz ermittelten Effektivtemperatur von 5777 K vergleichen. Der Unterschied rührt daher, dass die den beiden Berechnungen zugrunde gelegte Annahme, die Sonne sei ein schwarzer Strahler, zwar in guter Näherung - aber nicht perfekt erfüllt ist.

Andere Beispiele sind die strahlende Erdoberfläche und die Treibhausgase. Bei den Temperaturen im Bereich von 0 °C liegt das Strahlungsmaximum im infraroten Bereich um 10 µm. Bei den Treibhausgasen kommt dazu, dass sie nur teilweise (selektive) schwarze Körper sind.

**Max Karl Ernst Ludwig Planck**

* 23. April 1858 in Kiel

† 4. Oktober 1947 in Göttingen

Planck war ein deutscher Physiker und Nobelpreisträger für Physik. Er gilt als Begründer der Quantenphysik.

**Das Plancksche Strahlungsgesetz:**

Es beschreibt die Intensitätsverteilung der elektromagnetischen Energie und Leistung bzw. die Dichteverteilung aller Photonen in Abhängigkeit von der Wellenlänge bzw. Frequenz, die von einem schwarzen Körper - einer idealen Strahlungsquelle - bei einer bestimmten Temperatur abgestrahlt werden.

Bedeutung:
Der Verlauf der abgegebenen Wärmestrahlung ist temperaturabhängig.

Eine Flamme mit 2700 °C (≈ 3000 K) liegt nahe am sichtbaren Bereich (ist daher auch als Glühen sichtbar).

Bei einer Raumtemperatur von 20 °C (≈ 300 K) liegt das Maximum bei einer wesentlich größeren Wellenlänge außerhalb des sichtbaren Bereichs.

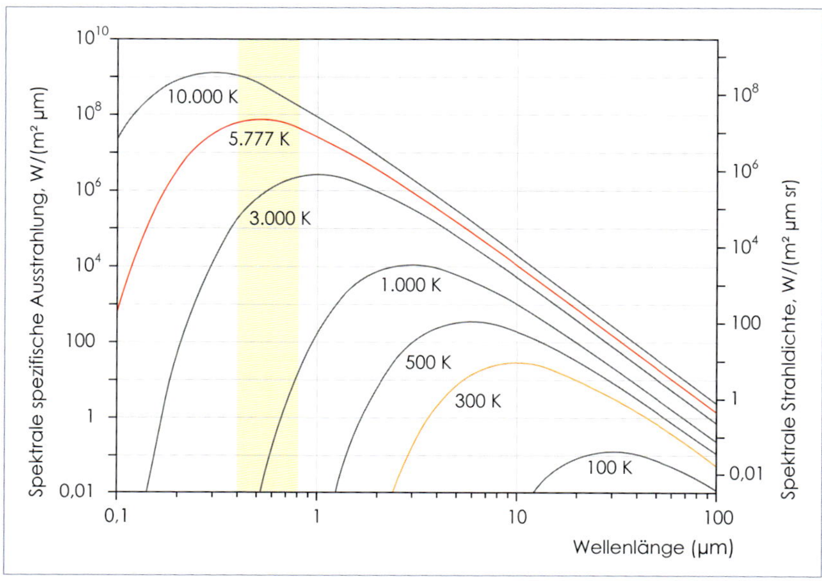


**Abb. 73:** Planck'sches Strahlungsspektrum

Das »Planck`sche Wirkungsquantum« war seine grundlegende Entdeckung.

$$h = (6{,}6256 \pm 0{,}0005) \cdot 1o^{-27} Js$$

(Energie · Zeit)

Die Energie eines Photons oder Strahlungselements ist $E = h \cdot \nu$, wobei »h« eine Konstante und »$\nu$« die Strahlungsfrequenz ist. Da die Frequenz »n« in Zusammenhang mit der Wellenlänge »$\lambda$« steht ($\lambda = c / \nu$), ist die Energie »E« des Photons umgekehrt proportional zur Wellenlänge.

Aus diesen Erkenntnissen, der Betrachtung des Wirkungsquantums im Zusammenhang von thermischer Emission bestimmter Intensität und spektraler Verteilung, konnte Planck das nach ihm benannte Strahlungsgesetz ableiten. Hierbei gilt, dass sämtliche Strahlung absorbiert *(s. idealer schwarzer Strahler)* und weder Transmission noch Reflexion vorhanden sind. Das Gesetz beschreibt also die Schwarzkörperstrahlung.

Plancksches Strahlungsgesetz:

$$I(\lambda,T) = \frac{2 \cdot h \cdot \nu^2}{c^2\left(e^{\frac{h \cdot \nu}{k_b \cdot T}} - 1\right)}$$

Planck nutzte zunächst als Ansatz das Wiensche Strahlungsgesetz:

$$\phi\,(\lambda) = \frac{c}{\lambda^5}\,\frac{1}{e^{\left[\frac{c}{\lambda T}\right]}}$$

Er drückte die Konstanten $c_1$ und $c_2$ durch Naturkonstanten aus:

$$c_1 - 8\pi hc \qquad c_2 = \frac{hc}{k}$$

Hierbei stellen »h« und »k« zwei neue Konstanten dar:

$h = 6{,}6261 \cdot 10^{-34}$ J·s
$k = 1{,}3807 \cdot 10^{-23}$ J/K

»k« war schon bekannt (Maxwell, Boltzmann) und konnte deswegen in einen physikalischen Zusammenhang eingeordnet werden. »h« jedoch war eine vollkommen neue Konstante mit der Dimension einer Wirkung (J · s), eine Begründung für diese Größe gab es in der klassischen Physik aber noch nicht.

Planck fügte »-1« in den Exponential-Nenner

$$M(\lambda,T) = \frac{8\pi hc}{\lambda^5}\,\frac{1}{e^{\left[\frac{hv}{\lambda kT}\right]} - 1}$$

beziehungsweise:

$$M(\lambda,T) = \frac{8\pi hc^3}{c^3}\,\frac{1}{e^{\left[\frac{hv}{\lambda kT}\right]} - 1}$$

Plancks Annahme war:
Die Atome/Moleküle in den Wänden eines Hohlraumstrahlers können als Oszillatoren betrachtet werden. Anders als in der klassischen Physik können diese Oszillatoren nicht kontinuierlich Energie aufnehmen bzw. abgeben, sondern nur in »Portionen«, den so genannten Quanten. Die Energie eines solchen Quants ist gegeben durch $E = n \cdot h \cdot v$ mit $n = 1{,}2 \ldots$ usw.

Nun war die Herleitung aller bekannten »klassischen« Strahlungsgesetze möglich:

1. Wiensches Strahlungsgesetz: Für kleine Wellenlängen (λ) kann die »-1« vernachlässigt werden
2. Rayleigh-Jeans-Strahlungsgesetz: Für kleine Frequenzen (v) kann die e-Funktion entwickelt werden:

$$e^{\left(\frac{h\nu}{kT}\right)} = 1 + \frac{h\nu}{kT} + \ldots$$

3. Stefan-Boltzmann-Gesetz: Integration über den gesamten Frequenzbereich
4. Wien'sches Verschiebungsgesetz: Extremwertbestimmung für »λ«

Die »klassischen« Strahlungsgesetze kann man als Grenzfälle des Planck'schen Strahlungsgesetzes verstehen. Trotz eines guten Ergebnisses waren die meisten Wissenschaftler gegen die »Quantisierung« und auch Planck selbst war »nicht zufrieden«.

Häufig verwendet wird die Formel für die spezifische spektrale Ausstrahlung eines Schwarzen Körpers der absoluten Temperatur »T«. Für sie gilt:

$$M_{\nu}^{\circ}(\nu,T)$$

**Josef Stefan (ursprünglich Jožef Štefan)**

* 24. März 1835 zu St. Peter bei Ebenthal (heute zu Klagenfurt)

† 7. Januar 1893 in Wien

Stefan war ein österreichischer, slowenisch sprechender Mathematiker und Physiker aus Kärnten.

**Ludwig Boltzmann**

* 20. Februar 1844 in Wien

† 5. September 1906 in Duino (bei Triest)

Boltzmann war ein österreichischer Physiker und Philosoph.

**Stefan-Boltzmann Gesetz:**

Erste Vermutung: 1879 für beliebige Strahler (J. Stefan)
Herleitung der Formel: 1884 für einen Hohlraumstrahler (L. Boltzmann)
Grundlage: klassische Elektro- und Thermodynamik
$\sigma = 5{,}67051 \cdot 10^{-8}\ W \cdot m^{-2} \cdot K^{-4}$ (Stefan-Boltzmann-Konstante)

Das Gesetz beschreibt die gesamte Strahlungsleistung eines Hohlraumstrahlers.

Das Stefan-Boltzmann-Gesetz ist ein physikalisches Gesetz, das die von einem schwarzen Körper thermisch abgestrahlte Leistung in Abhängigkeit von seiner Temperatur angibt. Es ist benannt nach den Physikern Josef Stefan und Ludwig Boltzmann. Es beschreibt die abgestrahlte Leistung pro Fläche:

$$E_{ges} \sim \sigma T^4$$

oder

$$W = o \cdot T^4$$

Das Stefan-Boltzmann-Gesetz gibt also an, welche Strahlungsleistung »*P*« ein schwarzer Körper der Fläche »*A*« und der absoluten Temperatur »*T*« emittiert.

$$P - \sigma \cdot A \cdot T^4$$

Anwendungsbeispiel für das Stefan Boltzmann Gesetz:

Außerhalb der Erdatmosphäre, im Sonnen-Erd-Abstand, empfängt eine zur Sonne ausgerichtete Fläche eine Bestrahlungsstärke von $S = 1{,}367\ kW/m^2$ (Solarkonstante). Man bestimmt die Temperatur »*T*« der Sonnenoberfläche unter der Annahme, dass die Sonne in hinreichender Näherung ein schwarzer Körper ist. Der Sonnenradius beträgt $R = 6{,}963 \cdot 10^8$ m, der mittlere Abstand zwischen Erde und Sonne ist $D = 1{,}496 \cdot 10^{11}$ m.

Die von der Sonnenoberfläche abgegebene Strahlungsleistung »*P*« durchdringt eine konzentrisch um die Sonne gelegte Kugelschale des Radius »*D*« mit der Bestrahlungsstärke »*S*«, beträgt also insgesamt $P = 4\pi D^2 \cdot S = 3{,}845 \cdot 10^{26}$ W (Leuchtkraft der Sonne).

Nach dem Stefan-Boltzmann-Gesetz beträgt die Temperatur der abstrahlenden Oberfläche:

$$T = \sqrt[4]{\frac{P}{\sigma A}} = \sqrt[4]{\frac{S \cdot 4\pi D^2}{\sigma \cdot 4\pi R^2}} = \sqrt[4]{\frac{S \cdot D^2}{\sigma \cdot R^2}} = \sqrt[4]{\frac{1367 \cdot 2{,}238 \cdot 10^{22}}{5{,}670 \cdot 10^{-8} \cdot 4{,}844 \cdot 10^{17}}}\, K = 5777\, K$$

Die **Stefan-Boltzmann-Konstante** ist eine Naturkonstante.

Ihr Zahlenwert beträgt:

$$\int_{\lambda=0}^{\lambda=8} M_\lambda(T)\,d\lambda = \sigma T^4 \qquad \sigma = 5{,}67 \cdot 10^{-8} \mathrm{Wm^{-2}K^{-4}}$$

**Gustav Robert Kirchhoff**

* 12. März 1824 in Königsberg (Preußen)

† 17. Oktober 1887 in Berlin

Kirchhoff war ein deutscher Physiker, der sich insbesondere um die Erforschung der Elektrizität verdient gemacht hat.

Gustav Robert Kirchhoff formulierte das Strahlungsgesetz 1859 während er das Verfahren der Spektroskopie entwickelte. Es bildete den Grundstein der Untersuchung der Wärmestrahlung- und so auch von Max Plancks Quantenhypothese.

**Das Kirchhoff'sche Strahlungsgesetz:**

Es beschreibt den Zusammenhang zwischen Absorption und Emission eines realen Körpers im thermischen Gleichgewicht und besagt, dass Strahlungsabsorption und -emission einander entsprechen.

$$\varepsilon = \alpha$$

Eine schwarze Fläche heizt sich im Sonnenlicht leichter auf als eine weiße. (Beispiel: Weiß angestrichene Häuser in warmen Ländern). Dafür gibt die schwarze Fläche (Wärme-)Strahlung leichter ab. (Beispiel: Schwarz eloxierte Kühlbleche an Wärmetauschern von Kühlschränken).

Das Gesetz beschreibt die Eigenschaften eines schwarzen Strahlers:

1. Er absorbiert auftreffende Strahlung komplett.
2. Es existiert keine Transmission von Strahlung.
3. Es existiert keine Reflexion von Strahlung.
4. Es existiert nur Emission von Strahlung.

Es gilt das Kirchhoff'sche Strahlungsgesetz:

$$\frac{E_\nu^*}{A} = S_\nu^*$$

Aus den Eigenschaften eines schwarzen Strahlers und dem Kirchhoff'schen Gesetz kann man Folgendes ableiten:

1. Schwarze Strahler sind ideale Absorber bzw. Emitter.
2. Ein schwarzer Strahler hat den Emissionskoeffizienten 1.
3. Jeder andere Strahler hat deswegen einen Koeffizienten zwischen 0 und 1.
4. Mithilfe des Emissionsspektrums eines schwarzen Strahlers lässt sich das Emissionsspektrum eines beliebigen anderen Strahlers berechnen.
5. Eigenschaften des schwarzen Strahlers lassen sich auf andere Körper anwenden *(Vergleich mit einem idealen Gas).*

Die Realisierung eines schwarzen Strahlers erfolgt durch einen so genannten Hohlraumstrahler.

Ein Hohlraumstrahler ist (näherungsweise) ein idealer schwarzer Strahler.

Realisierung: Hohlkörper mit kleiner Öffnung (Öffnung ist klein im Verhältnis zur Größe des Hohlkörpers). In der Praxis höchstens $^1/_5$ des Durchmessers, maximal 20 mm, mit der Mindest-Bohrungstiefe 6 x D.

Eigenschaften:

1. Durch den Aufbau wird jegliche einfallende Strahlung absorbiert.
2. Werden die Wände des Hohlraums auf eine bestimmte Temperatur gebracht, emittiert die Öffnung die so genannte Hohlraumstrahlung.

*(Experimentelle Untersuchungen der Hohlraumstrahlung: Lummer, Pringsheim, Rubens und Kurlbaum).*

**Karl Ernst Hagen**

* 31. 1. 1851 Königsberg

† 15. 1. 1923 Solln (bei München)

war ein deutscher Physiker.

**Heinrich Rubens**

* 30. März 1865 in Wiesbaden

† 17. Juli 1922 in Berlin

war ein deutscher Physiker.

**Hagen-Rubens Relation:**

Sie beschreibt den Zusammenhang zwischen der optischen Reflexion und der elektrischen Leitfähigkeit. Metalle mit guter elektrischer Leitfähigkeit haben auch eine große Reflexion im Infrarot- Bereich. *(v)*

Hagen-Rubens-Gesetz
Gesetzmäßigkeit, die den Zusammenhang zwischen der elektrischen Leitfähigkeit »s« eines Metalls und seinem Reflexionsvermögen »R« im infraroten Spektralbereich beschreibt.

Es hat die Form:

$$R = 1 - 2\sqrt{2e_0}\,\frac{W}{\sigma}$$

Dabei ist »w« die Kreisfrequenz des Lichtes und »$e_0$« die Dielektrizitätskonstante des Vakuums. Physikalische Ursache dieses Zusammenhanges ist, dass beide Phänomene eine Folge der Anwesenheit freier Elektronen in Metallen sind. Das Hagen-Rubens-Gesetz gilt für Lichtfrequenzen, die klein gegen die Stoßfrequenz- und Plasmafrequenz der Elektronen sind (Metalloptik).

$$R = 1 - 2\sqrt{\frac{\nu}{\sigma_0}}$$

Im Infrarot-Bereich *($\nu < 10^{13}\ s^{-1}$)*:

$$\frac{\sigma}{\nu} >> \varepsilon$$

Für Spezialisten:

$$n^2 = \frac{1}{2}\left(\sqrt{\varepsilon^2 + \left(\frac{2\sigma}{\nu}\right)^2} + \varepsilon\right)$$

$$k^2 = \frac{1}{2}\left(\sqrt{\varepsilon^2 + \left(\frac{2\sigma}{\nu}\right)^2} - \varepsilon\right)$$

$$n^2 \approx \frac{\sigma}{v} \approx k^2$$

**Rayleigh-Jeans-Gesetz:**

Das Rayleigh-Jeans-Gesetz soll an dieser Stelle »nur kurz, der Vollständigkeit halber«, erwähnt werden. Es beschreibt die Abhängigkeit der Strahlungsintensität eines Schwarzen Körpers von der Lichtwellenlänge bei einer gegebenen Temperatur im Rahmen der klassischen Elektrodynamik oder auch Thermodynamik. Es wurde erstmals 1900 von dem englischen Physiker John William Strutt, (3. Baron Rayleigh) beschrieben *(wobei die von Rayleigh beschriebene Formel damals noch einen falschen Vorfaktor aufwies)*. Die korrigierte Formel wurde fünf Jahre später von dem englischen Physiker, Mathematiker und Astronom Sir James Jeans veröffentlicht.

Das Rayleigh-Jeans-Gesetz liefert brauchbare Werte bei niedrigen Frequenzen, also großen Wellenlängen. Bei hohen Frequenzen, also kleinen Wellenlängen, liefert es viel zu große Werte, die die Gesamtstrahlung (integriert über den gesamten Wellenlängenbereich) gegen unendlich laufen lassen. Dieses Verhalten wird als »Ultraviolett-Katastrophe« bezeichnet. Das Verhalten bei kleinen Wellenlängen, also hohen Frequenzen und damit verbunden entsprechend hoher Energie, wird in guter Näherung durch das Wien'sche Strahlungsgesetz beschrieben.

*(Erst Max Planck fand die richtige Erklärung über alle Wellenlängen und fasste mit dem Planck'schen Strahlungsgesetz das Rayleigh-Jeans-Gesetz und das Wien'sche Strahlungsgesetz zusammen).*

Die Formel beschreibt gut die spektrale Energiedichte für den Infrarot-Wellenlängenbereich. Im Bereich des sichtbaren Spektrums treten deutliche Diskrepanzen auf, im Ultraviolett-Bereich kommt es sogar zur so genannten »Ultraviolett-Katastrophe«, da »W« gegen unendlich »läuft«. $(W \rightarrow \infty)$.

Bezogen auf den Grundsatz, dass elektromagnetische Wellen nur in bestimmten Moden schwingen können:

$$n(\nu) - \frac{8\pi\nu^2}{c^3}$$

Die mittlere Energie einer solchen Schwingung ist:

$$\bar{E} = \mathrm{k} \cdot \mathrm{T}$$

Dies führt schließlich zur Formel:

$$M(\nu,T) = \frac{8\pi\nu^2}{c^3}\, k \cdot T \Rightarrow L(\nu,T) = \frac{2\nu^2}{c^2}\, k \cdot T$$

# 9 Literaturverzeichnis


Langley, Samuel Pierpont, The Bolometer, Bibliobazaar, 2009, Taschenbuch.

Langley, Samuel Pierpont, Astrophysical Observatory, Smithsonian Institution, 1900/Reprint 1902.

»Langley, Samuel Pierpont,« Microsoft © Encarta © Online Encyclopedia 2000 http://encarta.msn.com © 1997-2000 Microsoft Corporation.

»Langley, Samuel Pierpont,« Encyclopedia Britannica Online http://www.britannica.com 1999-2000 Britannica.com Inc.

Lansing, David L., »The Accomplishments of Samuel Pierpont Langley.« 1995. Abstract for Colloquium presented at the NASA Langley Research Center on June 6, 1995. (Access restricted to NASA Langley employees and contractors).

Frederic P. Miller, Agnes F. Vandome, John McBrewster

Bolometer: Electromagnetic radiation, Samuel Pierpont Langley, Thermometer, Foil, Metal, dusting, Wavelength, Submillimetre astronomy, Astronomy, Absolute zero, Taschenbuch. Alphascript Publishing, Beau Bassin, 2010.

H. D. Baehr, K. Stephan: Wärme- und Stoffübertragung. 4. Auflage. Springer-Verlag, Berlin, 2004.

Kangro, H.: Vorgeschichte des Planckschen Strahlungsgesetzes.-Wiesbaden, 1970.

Wien, W. und Lummer, O.: Methode zur Prüfung des Strahlungsgesetzes absolut schwarzer Körper.- Ann. Phys., (1897), Nr. 292, S. 451-456.

Lummer, O. und Pringsheim, E.: Die Strahlung eines »schwarzen« Körpers zwischen 100 und 1300°C.- Ann. Phys.,(1897), Nr. 299, S. 395-410.

Wien, W.: Über die Energieverteilung im Emissionsspektrum eines schwarzen Körpers. - Ann. Phys., (1896), Nr. 299, S. 662-669.

Planck, M.: Über irreversible Strahlungsvorgänge, erste bis fünfte Mitteilung.- Sitzungsberichte der Königlich-Preußischen Akademie der Wissenschaften (Berlin), (I), 57-68 (1897); (II), 715-717 (1897); (II), 1122-1145 (1897); (II), 449-476 (1898); (I), 440-480 (1899).

Lummer, O. und Pringsheim, E.: Die Verteilung der Energie im Spektrum des schwarzen Körpers.- Verh. Dt. Phys. Ges., (1899), Nr. 1, S. 23-41.

Lummer, O. und Pringsheim, E.: Verhandlungen der Gesellschaft Dt. Naturforscher und Ärzte, 71, 58 (1899).

Lummer, O. und Pringsheim, E.: Die Verteilung der Energie im Spektrum des schwarzen Körpers und des blanken Platins.- Verh. Dt. Phys. Ges., (1899), Nr.1, S. 215-235.

Lummer, O. und Pringsheim, E.: Über die Strahlung des schwarzen Körpers für lange Wellen. - Verh. Dt. Phys. Ges., (1900), Nr.2, S. 163-180.

Eucken, A., Lummer, O., Waetzmann, E.: »Müller-Pouillets Lehrbuch der Physik«, 11. Auflage, Zweiter Band, Lehre von der strahlenden Energie (Optik), Braunschweig, 1929.

Lummer, O.: Grundlagen, Ziele und Grenzen der Leuchttechnik (Auge und Lichterzeugung). - München, 1918.

Kern, Ulrich, »Lummer, Otto«, in: Neue Deutsche Biographie (1987), Nr. 15, S. 517.

Rubens, Die Anwendung des Bolometers zur quantitativen Messung der Hertz'schen Strahlung. Berlin, 1891. in: Verhandlungen der Physikalischen Gesellschaft zu Berlin, (1890), Nr. 9, S. 27-32.

Rubens / E. Hagen: Über Beziehungen zwischen dem Reflexionsvermögen der Metalle und ihrem elektrischen Leitvermögen. Berlin, 1903.

Dick, Julius, »Herschel, Friedrich Wilhelm«, in: Neue Deutsche Biographie (1969), Nr. 8, S. 695–698.

Daniel Ferguson Santavicca, Bolometric Response of Superconducting Microbridges and Single-Walled Carbon Nanotubes, 2009.

Haken - Wolf: »Atom- und Quantenphysik«, 8. Auflage, 2004.

Albert Einstein, Leopold Infeld: »Die Evolution der Physik«, Neuausgabe 1995.

Kirchhoff, Gustav Robert, Gesammelte Abhandlungen - Saarbrücken : VDM, Müller, Reprint 2006.

Wien, Wilhelm. - Das Wiensche Verschiebungsgesetz, 2. Aufl., 1997.

Wien, Wilhelm. - Die neue Plancksche Strahlungstheorie, Zürich : Literatur-Agentur Danowski, 2009.